中央高校基本科研业务费资助项目(3142015081,3142011024)

厚煤层放顶煤条件下上行开采机理与应用研究

李红涛　著

中国矿业大学出版社

内 容 简 介

本书综合运用理论分析、相似模拟、数值模拟及现场试验相结合的研究方法,研究了厚煤层放顶煤条件下上行开采机理。主要内容包括:放顶煤开采覆岩破坏高度的现场实测统计分析、放顶煤工艺条件下上行开采覆岩失稳垮冒的相似模拟研究、放顶煤工艺条件下层间岩性对上行开采影响机理的数值计算研究、放顶煤条件下上行开采的条件研究、放顶煤工艺条件下上行开采的现场应用研究。研究成果丰富了上行开采相关理论,并有利于指导工程实践,所述内容具前瞻性和实用性。

本书可供从事采矿工程及相关专业的科研与工程技术人员参考。

图书在版编目(C I P)数据

厚煤层放顶煤条件下上行开采机理与应用研究/李
红涛著. —徐州:中国矿业大学出版社,2017.5
ISBN 978 - 7 - 5646 - 3352 - 3

Ⅰ. ①厚… Ⅱ. ①李… Ⅲ. ①厚煤层—放顶煤开采—
研究 Ⅳ. ①TD823.4

中国版本图书馆 CIP 数据核字(2016)第 288762 号

书 名	厚煤层放顶煤条件下上行开采机理与应用研究
著 者	李红涛
责任编辑	王美柱
出版发行	中国矿业大学出版社有限责任公司
	(江苏省徐州市解放南路 邮编 221008)
营销热线	(0516)83885307 83884995
出版服务	(0516)83885767 83884920
网 址	http://www.cumtp.com E-mail:cumtpvip@cumtp.com
印 刷	江苏淮阴新华印刷厂
开 本	787×1092 1/16 印张 8.25 字数 206 千字
版次印次	2017 年 5 月第 1 版 2017 年 5 月第 1 次印刷
定 价	33.00 元

(图书出现印装质量问题,本社负责调换)

前　言

　　在分析总结现有研究成果的基础上,本书综合应用相似模拟实验、离散元数值计算、理论分析以及现场实测等多种研究方法对放顶煤条件上行开采机理与条件以及上行开采工作面的矿压显现规律等进行了深入研究。

　　放顶煤条件下的上行开采,煤层间岩层的岩性赋存状况和垮落规律是影响能否进行上行开采的关键。为此,本书对我国部分典型放顶煤开采采场覆岩破坏高度进行实测统计研究,研究结果表明,放顶煤开采条件下直接顶垮落高度随煤层厚度变化呈递增对数函数关系;不规则垮落带和规则垮落带分布状态受上覆岩层的岩性及其组合方式影响。

　　采用平面应力的物理相似模拟实验对放顶煤工艺条件下上行开采覆岩失稳垮冒规律进行了模拟研究。研究结果表明,层间岩性构成是影响上行开采的重要因素,也是判断是否有利于上行开采的关键;研究结果还表明,放顶煤开采工艺条件下直接顶垮落具有较为明显的渐进流动性,从而易形成散体拱结构。"散体拱"结构影响其上位直接顶的垮冒形式和分布形态,是影响直接顶垮冒后是否呈规则垮落分布的关键因素,即"散体拱"结构是不规则垮落带和规则垮落带的分界线。而后者则是在放顶煤条件下,判断是否具有上行开采可行性的重要条件。

　　应用平面应变问题的理论模型,通过离散元分析软件——UDEC3.1 的二维数值计算,对不同岩性组合条件下,上覆岩层活动对上煤层完整性和连续性的影响进行了研究。研究表明,下位岩层的碎胀充填特性和上位岩层的结构稳定性,以及在采空区的压实均匀度是影响上层煤完整性和连续性的关键;不同岩性结构组合条件下,上位岩层的稳定性条件及其失稳错动准则,是分析判定上层煤完整性程度的重要条件。

　　通过对放顶煤开采上覆岩层结构向高位转移条件和覆岩台阶错动条件的理论分析,总结得出了放顶煤条件下煤层群上行开采的基本原则。在物理相似模拟、数值计算和理论分析的基础上,提出了上行开采的可行性判定原则。

　　本书关于放顶煤工艺条件下上行开采的理论研究成果进行了现场试验验

证,通过现场试验并结合理论分析得出了放顶煤条件下上行开采工作面的矿压显现规律和煤岩失稳特征。

本书的研究成果不仅为我国放顶煤条件下的上行开采奠定理论基础,提供安全可靠的保障,而且也丰富和完善了上行开采理论。

本书撰写过程中,刘玉德、单耀、许海涛、李昊、邱海涛、高林生、康庆涛、殷帅峰、郭敬中、李见波、陈鹏、魏红等老师提出了许多有益的建议,王忠放、黄杰、邹军林、唐毛毛、王柘林、李清华、宋祥超、伍春林、柯志军、唐家绩、焦亚斌、杨建博参与了书稿校对工作,在此一并表示感谢!

由于时间仓促加之水平所限,书中不妥之处在所难免,恳请同行、专家不吝指正。

著 者

2016 年 12 月

目　　录

1　绪论 ……………………………………………………………………… 1
　　1.1　问题的提出 …………………………………………………………… 1
　　1.2　文献综述 ……………………………………………………………… 2
　　1.3　本书研究的内容与方法 ……………………………………………… 13

2　放顶煤开采覆岩破坏高度的现场实测统计分析 ……………………… 16
　　2.1　引言 …………………………………………………………………… 16
　　2.2　放顶煤开采典型覆岩工程地质条件分析 …………………………… 16
　　2.3　放顶煤开采覆岩破坏高度的实测统计分析 ………………………… 18
　　2.4　放顶煤开采影响覆岩破坏高度的地质因素分析 …………………… 21
　　2.5　本章小结 ……………………………………………………………… 22

3　放顶煤工艺条件下上行开采覆岩失稳垮冒的相似模拟研究 ………… 23
　　3.1　引言 …………………………………………………………………… 23
　　3.2　相似模拟方案 ………………………………………………………… 23
　　3.3　放顶煤条件下上覆岩层宏观破坏规律 ……………………………… 28
　　3.4　放顶煤条件下直接顶的垮落规律 …………………………………… 33
　　3.5　放顶煤条件下基本顶活动对其上覆煤岩的影响 …………………… 40
　　3.6　本章小结 ……………………………………………………………… 42

4　放顶煤工艺条件下层间岩性对上行开采影响机理的数值计算研究 … 44
　　4.1　引言 …………………………………………………………………… 44
　　4.2　数值计算方案 ………………………………………………………… 44
　　4.3　层间不同岩性条件下岩层的垮落特征 ……………………………… 47
　　4.4　层间岩性结构对上行开采的影响机理 ……………………………… 59
　　4.5　本章小结 ……………………………………………………………… 60

5　放顶煤条件下上行开采的条件研究 …………………………………… 62
　　5.1　引言 …………………………………………………………………… 62
　　5.2　放顶煤条件下上行开采的围岩平衡条件 …………………………… 62
　　5.3　放顶煤条件下覆岩台阶错动条件的研究 …………………………… 68

5.4 放顶煤条件下煤层群上行开采的基本原则 ……………………………… 70

5.5 放顶煤条件下上行开采可行性判定方法 ……………………………… 70

5.6 本章小结 …………………………………………………………………… 72

6 放顶煤工艺条件下上行开采的现场应用研究 ……………………… 74

6.1 引言 ………………………………………………………………………… 74

6.2 济三煤矿煤层群上行开采的地质赋存及生产技术条件 ……………… 74

6.3 济三煤矿 3 组煤上行开采的可行性研究 ……………………………… 78

6.4 现场研究的内容和方案 ………………………………………………… 91

6.5 上行开采工作面巷道围岩变形破坏规律 ……………………………… 98

6.6 上行开采工作面矿压显现规律 ………………………………………… 103

6.7 应用效益 ………………………………………………………………… 114

6.8 本章小结 ………………………………………………………………… 114

7 主要结论及展望 ……………………………………………………… 116

7.1 主要结论 ………………………………………………………………… 116

7.2 展望 ……………………………………………………………………… 118

参考文献 ………………………………………………………………… 119

1 绪 论

1.1 问题的提出

开采煤层群时,先采下煤层(分层或煤组),后采上煤层(分层或煤组),称为上行开采[1]。它是以开采技术条件较好或优质的煤层,以减少初期工程量、投资和建井工期,并以获得最佳经济效益为目标,进而优化开采其他相邻煤层的一种开采体系。

国内外上行开采[2-12]工程实践始于 20 世纪 70 年代,在世界采矿界广泛关注和研究的同时,有计划地进行试采。20 世纪 80 年代,上行开采作为一种较为成熟的技术应用于煤矿设计、矿井技术改造及老矿区的复采工作中,获得了巨大的技术经济效益和丰富的实践经验。

煤矿生产实践和科学研究证实,在某些地质及开采技术条件下,上行开采具有独特作用[1]:

(1)上部煤层开采困难或投资很多,或下部煤质优良,从国民经济需要出发,有时采用上行开采可迅速提高经济效益。

(2)在某些地质和技术条件下,新建矿井采用下行与上行开采相结合的方式,可减少初期巷道工程量、投资及建井工期,获得显著经济效益。

(3)当上部为煤与瓦斯突出煤层时,先将下部煤层作为保护层开采,可减轻或消除上煤层的煤与瓦斯突出的危险,从而确保矿井安全生产。

(4)上部为劣质、薄及不稳定煤层时,开采困难,长期达不到矿井设计能力。可先采下煤层,或上下煤层及薄厚煤层搭配开采,能很快达到矿井设计能力。

(5)建筑物、水体及铁路下采煤,有时需要先采下煤层,后采上煤层,以减轻对地表的影响。

(6)开采火区或积水区下压煤,有时需要采用上行开采。

(7)当上煤层顶板坚硬、煤质坚硬不易采出时,采用上行开采,可消除或减轻上煤层开采时发生的冲击地压和周期来压强度,可减轻地质构造应力的影响。

(8)当上煤层含水量大、工作面工作条件困难时,先采下煤层可疏干上煤层含水。

(9)复采采空区上部遗留的煤炭资源。

由上可知,上行开采对延长矿区或矿井的寿命、解放呆滞煤量、安全生产、提高矿井经济效益具有重要的现实意义。

当前,上行开采主要应用在中厚煤层和较薄煤层群(组)或厚煤层分层条件下[13-24]。相关的理论研究成果主要有比值判别法、"三带"判别法、数理统计分析法以及围岩平衡法等。

随着综放开采成为我国厚煤层安全高效开采的正规采煤工艺[25,26],而且其应用范围和推广程度越来越大,在许多矿区已开始面临放顶煤工艺条件下的上行开采问题。目前,综放条件下的上行开采问题多是由于经济因素造成的,即在市场经济条件下,矿井为争取尽快达到设计生产能力,尽快收回建井初期投资,将首采区立足于矿区内的厚煤层,而暂时搁置上部薄及中厚煤层,这在客观上形成了上行开采的问题。例如,我国兖州矿区济宁三号煤矿放顶煤条件下的上行开采问题最为典型。目前,济宁三号煤矿正在开展放顶煤条件下的上行开采实践,并已取得初步成果。

放顶煤条件下上行开采的实践为采矿科技工作者提出了新的课题,迫切需要开展相关理论和现场研究,为该条件下的上行开采提供理论依据和条件支持,为即将广泛开展的放顶煤条件下的上行开采提供安全可靠保障,同时也将进一步丰富和完善上行开采理论。

1.2 文献综述

长期以来,国内外学者和工程技术人员在上行开采理论研究和工程实践方面开展了大量深入的研究工作,取得了丰富的研究成果。

1.2.1 国外煤层(群)上行开采的研究现状

1.2.1.1 波兰上行开采的研究现状[1]

煤炭是波兰国民经济的主要柱石之一。波兰建筑物下压煤达 110 亿 t 以上(埋深1 000 m 以上)。为了采出建筑物下的压煤,早在 1920~1930 年,就有计划地试采上西里西亚煤田建筑物下的保护煤柱。1945 年以后,开始大规模开采城市建筑物及铁路下的保护煤柱,取得了特殊开采的丰富实践经验。

波兰在建筑物及铁路下采煤时,一般采用下行开采顺序,但也采用上行开采。顶板管理方法有全部垮落法、水砂充填法,也有两者兼而用之。

(1)波兰上行开采实践经验

研究上行开采时,常把上、下煤层之间的层间距(H)与下煤层采高(M)之比(K)称为采动影响倍数。

波兰采用上行开采缓倾斜煤层的成功实例表明:

① 当下部开采一个煤层时,采动影响倍数 $K>6$,可成功进行上行开采;当 $K<6$ 时,上煤层受到不同程度的严重破坏,不能上行开采。

② 当下部开采多个煤层时,综合采动影响倍数 $K_z=6.3$,可成功进行上行开采;当 $K_z<5$ 时,上煤层受到不同程度的破坏,采取一定技术措施,可以上行开采。

③ 采用充填法上行开采时,采动影响倍数 $K=2.3~2.9$,上煤层未受破坏,生产正常。

④ 上、下煤层开采的间隔时间为 1 年以上。

(2)研究成果

波兰学者研究认为,上、下煤层之间层间距的大小是影响上行开采的主要条件之一。代表性的观点有:

① W. 捷赫维茨认为,层间距与下煤层采高呈线性关系,即:

$$H = 12M \tag{1-1}$$

② B. 克鲁宾斯基等人也认为,层间距与下煤层采高呈线性关系,即:

$$\begin{cases} H = 8\,M, M < 1.5\text{ m 时} \\ H = 12\,M, M > 1.5\text{ m 时} \end{cases} \tag{1-2}$$

③ M. 胡德克等人认为,层间距与采高呈正比,而与岩石碎胀系数及垮落矸石压缩率呈反比关系,即:

$$H = \frac{M}{K_{\mathrm{p}} - 1} \cdot \frac{1}{1 - \eta} \tag{1-3}$$

④ 马克叶夫斯基认为,层间距与下煤层采高的平方呈正比,与岩石碎胀系数呈反比关系,即:

$$H = \frac{3M^2}{K_{\mathrm{p}} - 1} \tag{1-4}$$

⑤ T. 斯达朗认为,层间距与采高及岩石碎胀系数有关,即:

$$H = M\left[2 + \frac{4}{\pi(K_{\mathrm{p}} - 1)}\right] \tag{1-5}$$

1.2.1.2 前苏联上行开采的研究现状[1]

前苏联煤矿上行开采的成功实例很多,库兹巴斯矿区就是其中之一。库兹巴斯矿区是生产优质炼焦煤的基地,过去采用下行开采方式开采煤层群,限制了矿井生产能力和新井建设的发展;于是采用上行开采,并获得了丰富的上行开采的实践经验及科学研究成果。

(1) 上行开采的实践经验

① 开采缓倾斜和倾斜煤层时,在受下部一个煤层采动影响下,采动影响倍数 $K \geqslant 10$,上行开采成功;$K < 10$,上煤层受到不同程度的破坏,采取一定技术措施,可以上行开采。

② 开采急倾斜煤层群,当下部开采一个煤层时,采动影响倍数 $K > 8$,上煤层正常开采。

③ 开采缓倾斜和倾斜煤层时,在层间距为 $18 \sim 85$ m 的情况下,上、下煤层开采的间隔时间为 $3 \sim 12$ 个月。开采急倾斜煤层时,在层间距为 $8 \sim 70$ m 的条件下,上、下煤层开采的间隔时间为 $3 \sim 10$ 个月。

(2) 科学研究成果

前苏联学者研究认为,足够的层间距是上行开采的基本条件,代表性的观点有:

① T. B. 达维江茨认为,上、下煤层层间距与采高呈正比,即:

$$H = 20M \tag{1-6}$$

② A. Π. 基里雅奇科夫研究了顿巴斯矿区上行开采实例后认为,当下部开采一个煤层时,上煤层正常开采,应按下式计算层间距:

$$H = 12M + 3.5M^2 \tag{1-7}$$

③ Γ. H. 库兹聂佐夫认为,层间距与下煤层采高及岩石碎胀系数有关,即:

$$H = \frac{(3 + 1.5M)}{K_{\mathrm{p}} - 1} \cdot M \tag{1-8}$$

④ B. Д. 斯列沙烈夫认为,层间距大于垮落带高度,可以进行上行开采,并用下式计算:

$$H = \frac{M}{(K_{\mathrm{p}} - 1)\cos\alpha} \tag{1-9}$$

式(1-1)至式(1-9)中　　H——上、下煤层的层间距,m;

　　　　　　　　　　M——下煤层采高,m;

　　　　　　　　　　K_{p}——岩石碎胀系数;

η——垮落矸石的压缩率；

α——煤层倾角，(°)。

1.2.2 我国煤层(群)上行开采的研究现状

1.2.2.1 我国煤层(群)上行开采的经验

经过大量的煤层(群)上行开采生产实践，我国煤矿上行开采也取得了丰富的实践经验，我国部分煤矿上行开采实例[1]见表1-1和表1-2。

分析表1-1和表1-2可知：

① 当下部开采一个煤层时，采动影响倍数 $K>7.5$，上煤层可正常进行掘进和采煤。如果下煤层采出时留有煤柱，则在下部煤柱对应的上煤层工作面内可能出现局部顶板岩层和煤层的开裂现象，采取一定技术措施后，可正常进行上行开采。

② 当下部开采多个煤层时，综合采动影响倍数 $K_z>6.3$，可在上煤层正常进行掘进和采煤工作。

③ 上煤层位于下煤层开采后的垮落带之上时，一般可正常进行上行开采。

④ 上、下煤层的开采必须间隔足够的时间。

1.2.2.2 研究成果

我国关于上行开采的研究是在吸收和借鉴国外研究成果的基础上，结合我国具体的煤层地质赋存条件进行的。目前，国内具有代表性的研究成果有：

(1) 数理统计分析法

煤炭科学研究总院北京开采所根据我国煤矿上行开采的部分实例，分析回归得出受下部单一煤层采动影响时上行开采的必要层间距 H 的经验公式：

$$H > 1.14M^2 + 4.14 + M_s \tag{1-10}$$

式中　M——下煤层采高，m；

　　　M_s——上煤层厚度，m。

(2) "三带"判别法的主要观点

当上、下煤层的层间距小于或等于下煤层的垮落带高度时，上煤层的结构将遭到严重破坏，无法进行上行开采。

当上、下煤层的层间距小于或等于下煤层的裂缝带高度时，上煤层结构只发生中等强度的破坏，采取一定安全措施之后，可正常进行上行开采。

当上、下煤层的层间距大于下煤层的裂缝带高度时，上煤层只发生整体移动，结构不受破坏，可正常进行上行开采。

上煤层的开采应在下煤层开采引起的岩层移动稳定之后进行。

不同倾角、不同岩性的岩层及其不同组合覆岩，其移动及破坏规律不同。对于缓倾斜及倾斜煤层，当煤层顶板为坚硬、中硬、软弱、极软弱岩层或其互层时，垮落带最大高度 H_k 可按表1-3的公式计算。

煤层顶板覆岩内为坚硬、中硬、软弱、极软弱岩层或其互层时，裂缝带高度 H_l 可按表1-4公式计算[27]。

当上、下煤层的最小垂距 h 大于下煤层的垮落带高度 H_k 时，上、下煤层的裂缝带最大高度可按上、下煤层的厚度分别选用表1-4中的公式计算，取其中标高最高者作为两煤层的

表1-1 下部开采一个煤层的上行开采实例

矿井名称	上煤层号、采高/m 下煤层号、采高/m	煤层倾角/(°)	煤层间距/m	$K=\dfrac{H}{M}$	层间岩性	采煤方法	上、下煤层开采间隔时间/月	上煤层开采情况	备注
城子河煤矿	25号,1.9 8号,1.5	17	56	37.3	砂岩62%,其余为页岩	长壁全垮	7	采掘正常	东二采区25号右七里
城子河煤矿	25号,1.9 8号,1.5	17	56	37.3	砂岩71%,其余为页岩	长壁全垮	14	采掘正常	东二采区25号右七外
城子河煤矿	25号,1.77 8号,1.5	17	76.9	51.2	砂岩、页岩	长壁全垮	10	采掘正常	东二采区24号右七
城子河煤矿	8号,1.5 4号,1.0	18	45.5	45.5	砂岩64%,其余为页岩	长壁全垮	12	采掘正常	东二采区8号右六
城子河煤矿	8号,1.5 4号,1.0	19	45	45	砂岩、页岩	长壁全垮	11	采掘正常	东二采区8号右七
城子河煤矿	8号,1.5 4号,1.0	15	45.5	45.5	砂岩、页岩	长壁全垮	12	采掘正常	东二采区8号右八
阳泉二矿东四尺井	3号,1.5~1.8 12号,1.6	6	86	58	砂岩、页岩	长壁全垮	72	掘巷1100 m,采掘正常	72808采面
阳泉二矿东四尺井	小南坑3号 9号,1.9	6	70	36.8	砂岩、页岩	长壁全垮	120	掘巷200余米,无影响	41002采面
阳泉二矿东四尺井	小南坑3号 8号,1.9~2.1	3~6	59	23.5	砂岩、页岩	长壁全垮	30	开采正常	7176采面
大同永定庄矿101盘区	9号,1.2~1.3 11号,1.4~1.5	5~6	35	24.1	砂岩、页岩	长壁全垮	120~204	开采正常	1038采面 73102采面 2704采面 10个采面

续表 1-1

矿井名称	上煤层号,采高/m 下煤层号,采高/m	煤层倾角/(°)	煤层间距/m	$K=\dfrac{H}{M}$	层间岩性	采煤方法	上、下煤层开采间隔时间/月	上煤层开采情况	备注
大同永定庄矿102盘区	9号,1.2~1.3 11号,3~3.4	5~6	35	10.9	砂岩62%,其余为页岩	长壁全垮	108~204	采掘过程中局部地点压力大	6个采面
蛟河矿五井	5-1号,0.8 6-1号,2.0	8	22	11	砂岩71%,其余为页岩	长壁全垮	168	开采正常	
蛟河矿四井	2号,2.4 4号,1.2	11	17	14.2	砂岩、页岩	长壁全垮	24	开采正常	
蛟河矿六井	5号,1.0~2.0 6号,2.1	8~16	50~60	26.2	砂岩64%,其余为页岩	长壁全垮	36	中央区正常边缘区有裂隙	+16水平,300绞车道北侧
蛟河矿六井	5号,2.0 6号,2.4	8~16	65	27.1	砂岩、页岩	长壁全垮	276	采掘正常,局部伪顶脱落	+16水平,75绞车道南侧
蛟河矿六井	5号,1.8 6号,1.6	11~12	30	18.8	砂岩、页岩	长壁全垮	1	压力大,底鼓,伪顶脱落	+70水平,卡车道煤柱
蛟河矿六井	5号,1.6 6号,2.2	10~12	55	25	砂岩、页岩	长壁全垮	3	采掘正常,伪顶易脱落	+70水平,卡车道煤柱
蛟河矿六井	5号,1.6 6号,1.8	10~14	38	21.1	砂岩、页岩	长壁全垮	156	采掘正常	+160水平,300绞车道煤柱
阜新	3号,1.5 6号,1.0	14~18	4	4	砂岩、页岩	长壁全垮	156	中央区正常边缘区最大断裂0.5 m	三斜井煤柱
平安矿四井	中间层,1.6~1.8 太上一层,2.0	15~16	68~70	34.5	砂岩、页岩	长壁全垮	36	采掘正常	

续表 1-1

矿井名称	上煤层号,采高/m 下煤层号,采高/m	煤层倾角/(°)	煤层间距/m	$K=\dfrac{H}{M}$	层间岩性	采煤方法	上、下煤层开采间隔时间/月	上煤层开采情况	备注
鸡西立新矿三井	6号,0.9 5号,1.2	18	30	25	砂岩62%,其余为页岩	长壁全垮	15.6	采掘正常	一块段
鸡西立新矿三井	5号,1.2 4号,2.0	18	30	15	砂岩71%,其余为页岩	长壁全垮	3.6	采掘正常	二块段
本溪煤矿	1,2号,1.5~2.0 7,8号,3.6	15~20	119	33.1	砂岩、页岩	长壁全垮	60~72	顶板易冒落,采掘正常	六宝矿区
本溪煤矿	1,2号,2.2~2.4 7,8号,3.6	15~20	119	33.1	砂岩64%,其余为页岩	长壁全垮	120~132	采掘正常	七宝矿区
本溪煤矿	5号,1.3 7,8号,3.6	15~20	62	17.2	砂岩、页岩	长壁全垮	108~120	采掘正常	三坑上部
本溪煤矿	5号,1.2 7,8号,3.6	15~20	64	17.8	砂岩、页岩	长壁全垮	48	采掘正常	三坑下部
本溪煤矿	4号,2.3~2.5 7,8号,3.6	15~20	84	23.3	砂岩、页岩	长壁全垮	120~132	采掘正常	二平半区
本溪煤矿	5号,1.2 7,8号,3.6	15~20	57	15.8	砂岩、页岩	长壁全垮	132~144	采掘正常	二平半区
大屯孔庄煤矿	7号,2.5~3.0 8号,1.9~2.0	25	25	12.5	砂岩、页岩	长壁全垮		采掘正常,东漏水,东	东一采区
永定庄矿	9号,1.3 11号,1.9~3.5	3~4	26	9.7	砂岩、页岩	房柱式采煤法	180	采掘正常,煤层松软、漏水、局部冒顶	3个采面,东一续车道

矿井名称	上煤层号、采高/m 下煤层号、采高/m	煤层倾角/(°)	煤层间距/m	$K=\dfrac{H}{M}$	层间岩性	采煤方法	上、下煤层开采间隔时间/月	上煤层开采情况	备注
资兴唐洞煤矿	3号,1.2 4号,2.2	28~30	24~27	11.6	砂岩62%,其余为页岩	长壁全垮	同时重叠开采	顶板破碎,支柱钻底,生产正常	八一井
淮北海孜矿	7号,2.9 10号,3.0	18	80	26.7	砂岩71%,其余为页岩	长壁全垮		7号煤石门出现观台阶0.5 m,巷道变形大	1207采面
淮北朱庄矿	5号,1.2~1.5 6号,2.8	6~10	81	28.9	砂岩、页岩	长壁全垮		巷道变形大	Ⅲ612采面
西山自家庄矿松树坑	6号,1.2 8号,4.0	3~8	24.9	6.2	砂岩64%,其余为页岩	刀柱垮落	12	采掘正常	8个采面
西山自家庄矿松树坑	7号,0.9 8号,3.6	3~8	16.85	4.7	砂岩、页岩	刀柱垮落	18	采掘正常	4个采面
西山白家庄矿小南坑	6号,1.2 8号,4.0	3~7	24.9	6.2	砂岩、页岩	刀柱垮落	12	采掘正常	4个采面
西山白家庄矿一盘区	2号,3.0 8号,4.0	3~8	76.7	19.2	砂岩、页岩	刀柱	12	采掘正常	3个采面
西山白家庄矿一盘区	3号,4.0 4号,4.0	3~7	74	18.5	砂岩、页岩	长壁刀柱	12	采掘正常	2个采面
西山杜儿坪矿二下山盘区	7号,0.9 8号,4.0	2~5	20.5	5.1	砂岩、页岩	长壁刀柱	12	采掘正常	2个采面
西山杜儿坪矿西二采区	7号,0.9 8号,4.0	2~5	20.5	5.1	砂岩、页岩	长壁刀柱	18~60	掘巷时,个别地点底板有裂隙,漏瓦斯	6个采面

续表 1-1

矿井名称	上煤层号、采高/m 下煤层号、采高/m	煤层倾角/(°)	煤层间距/m	$K=\dfrac{H}{M}$	层间岩性	采煤方法	上、下煤层开采间隔时间/月	上煤层开采情况	备注
西山杜儿坪矿东一采区	7号，0.9 8号，4.0	2~5	20.5	5.1	砂岩62%，其余为页岩	长壁刀柱	18~168	采掘正常	6个采面
西山官地矿西一采区	2号，2.3 6号，1.85	3~8	47	25.4	砂岩71%，其余为页岩	长壁刀柱	36	采掘正常	1个采面
平顶山四矿	戊$_{9\sim10}$，3.5 己$_{15}$，1.7~2.0	10	162	87.6	砂岩、页岩	长壁全垮		顶板易冒落，采掘正常	已一采区
平顶山四矿	戊$_{9\sim10}$，3.5 己$_{16\sim17}$，4.0	10	162	45.5	砂岩64%，其余为页岩	长壁全垮		采掘正常	已一采区
南桐鱼田堡矿	4号，2.4~2.6 5号，0.7~1.2	27~28	23~34	24.7	砂岩、页岩	长壁全垮	47.6	间隔8~12个月	3个采面
松藻矿一井	1号，0.5	30	21	42	砂岩、页岩	长壁全垮	>6	采掘正常	3个采面
六枝大用矿	7号，0.3~2.2 9号，0.5~1.0	30	18~21	26	砂岩、页岩	长壁全垮	50.4~87.6	采掘正常	3个采面
南桐二井	4号，2.7 5号，1.0	33	24~25	24.5	砂岩、页岩	长壁全垮	-	采掘正常	3个采面
北京门头沟矿	5号，1.6~2.2 2号，2.0~2.4	15~45	75	31~38	砂岩、页岩	长壁全垮	12	采掘正常	3个采面
台吉矿一井	3A 3C，0.8	46	8	10	砂岩、页岩	长壁全垮	6	采掘正常	

表 1-2　下部开采多个煤层的上行开采实例

矿井名称	上煤层号,采高/m	下煤层号,采高/m	煤层倾角/(°)	H_1/M_2	H_2/M_3	H_3/M_4	H_4/M_5	H_5/M_6	K_z	层间岩性	采煤方法	上、下煤层开采间隔时间/月	上煤层开采情况	备注
平顶山鹿邑煤矿	丙$_3$,1.5~1.8	丁$_{5-6}$,戊$_{8-9}$	10	83.95/1.0	89.88/2.0	159.01/2.0	168.89/3.5		14.8	砂岩51%,砂页岩40%,其余为页岩	长壁全垮	120	采掘正常,无影响	14个采面
平顶山褚庄煤矿	丁$_6$,1.8	戊$_{8-10}$,己$_{15-17}$	13~16	73.7/2.0	83.5/3.7	245.5/1.5	265.1/3.5		11.02	砂岩52%,砂页岩42%,其余为页岩	长壁全垮	168	采掘正常,无影响	9个采面
阳泉二矿西四尺井	8号,1.7~1.8	9号,12号	4	65/1.6	83/1.54				23	砂岩51%,其余为砂页岩,页岩	长壁全垮	96	采掘正常,无影响	小南沟小窑
城子河煤矿	29号,1.88	25号,24号,8号	17~27	62/1.9	76.9/1.5				19.9	砂岩64%,其余砂页岩29%,其余为页岩	长壁全垮	48	采掘正常	
城子河煤矿	25号	24号,8号	22	16.5/1.10	82.4/1.55				11.7	砂岩为主	长壁全垮	40	采掘正常	
蛟河矿六井	2号	3号,4号	14~18	8/1.5	12/1.0				3.7	砂岩为主	长壁全垮	180	边界上方有裂隙	一、二斜井
鸡西新立矿三井	6号	4号,5号	18	30/1.2	60/2.0	61	63		14.3	白色硬砂岩	长壁全垮		采掘正常	二块段
鸡西红旗小井	5号,1.2	4号,3上,3中,3下	18	30/1.8	58/1.8	61/2.6	63/1.65		6.3	白色硬砂岩	长壁全垮	24	采掘正常	

表 1-3   **垮落带高度 H_k 计算公式**

覆岩岩性(单向抗压强度)/MPa	计算公式/m
坚硬(40~80)	$H_k = \dfrac{100 \sum M}{2.1 \sum M + 16} \pm 2.5$
中硬(20~40)	$H_k = \dfrac{100 \sum M}{4.7 \sum M + 19} \pm 2.2$
软弱(10~20)	$H_k = \dfrac{100 \sum M}{6.2 \sum M + 32} \pm 1.5$
极软弱(<10)	$H_k = \dfrac{100 \sum M}{7.0 \sum M + 63} \pm 1.2$

注: $\sum M$ ——累计采厚,m,单层采厚 1~3 m,累计采厚不超过 15 m;±项为中误差。

表 1-4   **裂缝带高度 H_1 计算公式**

覆岩岩性(单向抗压强度)/MPa	计算公式/m
坚硬(40~8)	$H_1 = \dfrac{100 \sum M}{1.2 \sum M + 2.0} \pm 8.9$
中硬(20~40)	$H_1 = \dfrac{100 \sum M}{1.6 \sum M + 3.6} \pm 5.6$
软弱(10~20)	$H_1 = \dfrac{100 \sum M}{3.1 \sum M + 5.0} \pm 4.0$
极软弱(<10)	$H_1 = \dfrac{100 \sum M}{5.0 \sum M + 8.0} \pm 3.0$

注: $\sum M$ ——累计采厚,m,单层采厚 1~3 m,累计采厚不超过 15 m;±项为中误差。

裂缝带最大高度。

当下煤层的垮落带接触到或完全进入上煤层范围内时,上煤层的裂缝带最大高度采用本煤层的厚度选用表 1-4 中的公式计算;下煤层的裂缝带最大高度 H_1,则应按上、下煤层的综合开采厚度选用表 1-4 中的公式计算。取其中标高最高者作为两层煤的裂缝带最大高度。

上、下煤层的综合开采厚度 M_{z1-2} 可按下列公式计算:

$$M_{z1-2} = M_1 + \left(M_2 - \frac{h_{1-2}}{y_2} \right) \tag{1-11}$$

式中 M_1 ——上煤层厚度,m;

       M_2 ——下煤层厚度,m;

       h_{1-2} ——上、下煤层的法线距离,m;

       y_2 ——下煤层的垮落高度与采高之比。

如果上、下煤层之间的距离很小时,则综合开采厚度为累计厚度:

$$M_{z1-2} = M_1 + M_2 \tag{1-12}$$

（3）围岩平衡法

围岩平衡法是中国矿业大学汪理全教授在"三带"判别法的基础上提出的,该理论认为：上行开采破坏了采场上覆岩（煤）层的原始应力平衡状态及分布状态,必然引起上覆岩（煤）层的横向及纵向变形与破坏。上覆煤层的横向及纵向离层变形主要产生大量采动裂隙,破坏煤层,但随时间延长,采动裂隙会逐渐闭合压实；而纵向剪切变形则表现为煤层发生台阶错动,破坏煤层结构。后者是影响上行开采的最大障碍。控制岩层台阶错动,就是采场围岩力系平衡问题。

采场上覆岩层在垂直方向可分为垮落带、裂缝带及弯曲下沉带。从围岩平衡的观点,可分为非平衡带（即垮落带）、部分平衡带（相当于裂缝带的下位岩层）及平衡带（相当于裂缝带下位岩层之上的岩层）。

裂缝带的上位岩层可形成"煤壁及上覆岩层—矸石"为支撑体系的岩层结构。一般,岩层自身可形成不发生台阶错动的平衡岩层结构。裂缝带的下位岩层形成"煤壁—支架—矸石"为支撑体系的岩层结构[28]。这种岩层结构在支架参与下,可获得平衡。采场上覆岩层中具有一定厚度且强度较高的岩层是控制采场上覆岩层移动的关键。

在采煤过程中,能够形成不发生台阶错动的平衡岩层结构的岩层称为平衡岩层。设从下煤层顶板至平衡岩层的高度叫围岩平衡高度,则上行开采的基本原则是：当采场上覆岩层中有坚硬、中硬岩层时,上煤层应位于距下煤层最近的平衡岩层之上；当采场上覆岩层均为软岩时,上煤层应位于裂缝带内；上煤层的开采应在下煤层开采引起的岩层移动稳定之后进行。上行开采必要的层间距 H_p 可按下式确定：

$$H_p \geqslant \frac{M}{K_p - 1} + h_p \tag{1-13}$$

式中　M——下煤层采高,m；

　　　h_p——平衡岩层本身的厚度,按煤（岩）层柱状图确定,对照岩层柱状图,找标志层,如厚度大于采高、节理裂隙发育的石灰岩或硬砂岩,在采煤过程中,能起平衡岩层作用,其上部的覆岩（或煤层）不会发生台阶错动,m；

　　　K_p——岩石碎胀系数[1],当上、下煤层间为坚硬岩层时,取 $K_p = 1.10 \sim 1.15$；中硬岩层,取 $K_p = 1.15 \sim 1.20$；软弱岩层,取 $K_p = 1.20 \sim 1.25$。

1.2.3　国内外有关直接顶垮落规律的研究现状

直接顶是顶板控制的直接对象,对于工作面的安全生产有着重要的影响,同样,直接顶的垮落规律是分析判断上行开采是否可行的重要因素。国内外对于直接顶的垮落规律进行大量深入的研究,其中具有代表性的研究成果如下：

前苏联学者 Г. Н. Кузнецов 提出的铰接岩块假说认为,工作面上覆岩层的破坏可分为垮落带和规则移动带。垮落带分为上下两部分,下部垮落时,岩块杂乱无章；上部垮落时,则呈规则排列,但与规则移动带的差别在于无水平方向有规律的水平挤压力的联系。该学者根据相似材料实验和井下实际观测结果指出：垮落带岩块不规则排列还是规则排列取决于垮落岩层厚度 h 与该岩层垮落时的自由空间（例如,煤层之上第一层岩层垮落的自由空间高度就是采高）ΔH 之间的大小关系,当 $(2 \sim 2.5)h < \Delta H$ 时,则形成不规则垮落带,岩层破坏严重,失去原有层次,杂乱无章堆积于采空区；当 $h < \Delta H$,$(2 \sim 2.5)h > \Delta H$ 时,形成规则垮落带,岩层呈块状断裂,岩石块体在垮落过程中不发生翻转,仍按原有方向排列。

张顶立博士在其综放工作面煤岩稳定性及控制[67]的研究中,对我国部分综放面直接顶垮落高度、不规则垮落带高度、规则垮落带高度以及它们与煤层厚度之比进行了统计分析。张顶立博士在上述统计分析的基础上,根据自己的研究认为,当直接顶垮落高度为 1.0~1.2 倍的煤层厚度时,上方可形成临时性(或稳定)结构,并认为 1.0~1.2 倍的煤层厚度以下的岩层为不规则垮落带,其上为规则垮落带。

尹增德博士在其采动覆岩破坏特征及其应用研究[68]中,对我国采场不同覆岩条件下的直接顶垮落规律进行了分析,研究认为在不同覆岩条件下,直接顶的垮落高度与煤层厚度具有不同的比值,中硬覆岩和软弱覆岩条件下直接顶的垮采比分别为 3.3 和 2.5,直接顶的平均垮采比为 2.73。

康立军高级工程师等在《阳泉四矿综放工作面顶板顶煤运动规律研究》[29]一文中研究认为,综放采场上覆岩层按其破坏状态仍然呈垮落带、裂缝带和弯曲下沉带三带。对于采场覆岩的垮落带,笔者也认为可划分为不规则垮落带和规则垮落带,但是对于不规则垮落带和规则垮落带的分布特征,笔者提出了自己独特的看法,认为不规则垮落带内岩块块度较小,垮落后呈杂乱无章的堆积状态;规则垮落带顶板的初始位移点和破断点主要位于煤壁前方或控顶区内,断裂岩块与母体及采空区岩块间可形成砌体梁式平衡结构。

1.2.4 文献研究评述

目前,国内外学者有关煤层(群)上行开采技术的研究成果,为上行开采技术的继续发展奠定了理论基础,并在大量的生产实践中为煤层(群)的安全高效上行开采提供了科学指导作用。

然而,目前上行开采技术的研究成果主要适用于中厚煤层和较薄煤层或厚煤层分层开采,下煤层一次开采厚度一般在 3.5 m 以下,上覆岩层的活动空间相对较小。而厚煤层放顶煤条件下上行开采,由于下煤层一次采出厚度的增大,上覆岩层的活动空间显著加大,由此引起采场上覆岩层破坏范围与中厚煤层或厚煤层分层开采相比发生变化,加之受覆岩岩性及其组合条件的影响,使得放顶煤条件下覆岩破坏特征具有新的特点和规律。此外,尽管国内外对直接顶垮落规律已进行了大量深入的研究,但是,相关研究均是从顶板控制的角度研究得出的,没有和上行开采工艺相结合,而且缺乏对于不规则垮落带和规则垮落带分布高度的定量研究。因此,目前研究放顶煤条件下上行开采具有重大的理论意义和实用价值。

本书通过对煤层间不同岩性构成条件下覆岩断裂失稳规律以及现场实测的分析,对厚煤层放顶煤工艺条件下上行开采机理和条件,以及上行开采工作面矿压显现规律等方面的内容进行重点研究。以解决厚煤层放顶煤工艺条件下上行开采可行性判定和上行开采工作面矿山压力控制等问题,并由此初步建立厚煤层放顶煤工艺条件下上行开采的理论体系,以指导该条件下的生产实践。

1.3 本书研究的内容与方法

本书以济三煤矿 $3_下$ 厚煤层放顶煤条件下上行开采为工程背景,以放顶煤条件下上行开采机理和条件为研究中心,主要研究内容(研究思路见图 1-1)包括以下几个方面:

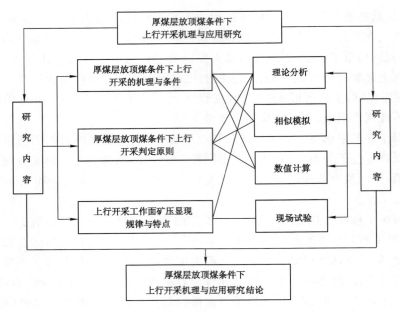

图 1-1　本书研究的思路

（1）放顶煤开采覆岩破坏高度的实测统计分析

首先对放顶煤开采典型覆岩工程地质条件进行分析，归纳总结放顶煤采场覆岩结构的基本类型。然后借助于现场实测与统计分析等方法对不同工程地质条件下放顶煤开采覆岩破坏的高度进行分析，在此基础上分析覆岩破坏高度的地质影响因素，从而为后续章节的研究奠定基础。

（2）放顶煤条件下上行开采覆岩失稳垮冒规律的研究

在放顶煤开采覆岩破坏高度实测统计分析的基础上，运用现场调研、理论分析和物理相似模拟方法分析不同岩性组合条件下覆岩变形破坏的特征和规律以及这种特征和规律对上煤层完整性的影响。深入分析放顶煤工艺条件下直接顶垮冒特征以及这种特征对覆岩垮冒分布的影响，为后续章节的机理与条件研究奠定基础。

（3）放顶煤工艺条件下层间岩性对上行开采影响机理的研究

通过运用数值计算方法，研究不同岩性结构组合条件下上覆岩层活动对上煤层完整性和连续性的影响规律。分析确定不同岩性结构组合条件下，上位岩层的稳定性条件和失稳错动准则。通过理论回归分析，得出不同岩性构成时上煤层台阶错动和层间岩性厚度的定量化关系。

（4）放顶煤条件下上行开采的条件研究

首先通过对放顶煤开采上覆岩层结构向高位转移条件的分析，得出放顶煤条件上行开采的围岩平衡条件。然后，通过对放顶煤条件下直接顶垮冒分带特征和形成条件的研究，提出覆岩台阶错动条件，在上述研究结果的基础上，确定放顶煤条件下煤层群上行开采的基本原则。最后，结合物理相似模拟、数值计算和理论分析的研究成果，确定上行开采的可行性判定原则。

（5）放顶煤工艺条件下上行开采的应用研究

　　应用前述理论研究成果,首先对济宁三号煤矿 3 组煤上行开采的可行性进行判定;然后,通过现场试验对上行开采工作面支架的承载特性、工作面超前支承压力、工作面来压规律以及巷道围岩变形移动规律等内容进行深入研究,全面分析和总结上行开采工作面的矿压显现规律;最后,对现场应用效益进行评价。

2 放顶煤开采覆岩破坏高度的现场实测统计分析

2.1 引 言

采场覆岩破坏高度及破坏程度是上行开采研究的重要内容。众所周知,在地下煤层开采过程中,采空区周围岩体内的原有应力平衡状态被破坏,引起应力的重新分布,其结果是采场覆岩的运动、失稳和垮落。在我国矿山压力及岩层控制[30]的研究中,将上覆岩层按破坏程度由下至上划分为 3 个带,即垮落带、裂缝带和弯曲下沉带,简称"三带"。影响"三带"的因素很多,最主要的影响因素为上覆岩层的岩性、煤层倾角、采厚、工作面推进速度、工作面长度及采煤方法等[31-36]。其中,影响覆岩破坏的地质因素包括:煤层厚度、煤层倾角和上覆岩层的岩性,根据文献[37]的研究,对采场覆岩破坏具有重要影响的地质因素为煤层厚度和上覆岩层的岩性。国内外在中厚煤层和厚煤层分层开采条件下已对覆岩破坏规律进行了深入的分析研究[38-52],取得了突出的成果。

放顶煤开采由于一次采出煤层厚度的增大,由此引起采场上覆岩层破坏高度与中厚煤层或厚煤层分层开采相比发生变化[53-57],加之受覆岩岩性条件的影响[58-60],必然引起放顶煤条件下覆岩破坏高度因地质影响因素[61]的不同而具有新的特点和规律。因此,本章在对我国放顶煤开采典型覆岩工程地质条件分析的基础上,通过对典型覆岩工程地质条件放顶煤开采覆岩破坏高度的实测统计,分析放顶煤开采覆岩破坏高度受地质因素的影响规律,从而为放顶煤条件下上行开采研究奠定基础。

2.2 放顶煤开采典型覆岩工程地质条件分析

我国煤层赋存条件复杂多样,不同的煤层赋存条件和开采技术条件造成不同的采场覆岩破坏规律。显然,放顶煤条件下的上行开采,煤层间岩层的岩性赋存状况和垮落规律是最终影响能否进行上行开采的关键。

因此,分析我国放顶煤工作面典型的覆岩岩性赋存特征并进行归类,可为进一步分析其影响上行开采的机理和条件等奠定基础。

(1) 三河尖煤矿 7131 工作面[62]

该工作面所采煤层为 7# 煤,平均厚度 9.0 m,最大厚度达 10.4 m,内生裂隙发育,呈条带状,块状及粉末状构造,局部可见岩性为泥岩的夹矸。

该工作面煤层直接顶为深灰色粉砂岩,夹中砂岩条带,具有粗大植物化石碎片,厚度为

3.87～7.56 m,平均为 5.7 m;其上顶板由多层细砂岩和粉砂岩组成,由下至上分别为:
① 灰色细砂岩,矽泥质胶结,缓波状层理,夹层理炭纹,厚度 6.20～13.3 m,平均 9.77 m;
② 灰色粉细砂岩互层,矿物成分以石英、长石为主,具缓波状层理,含植物化石碎片,层理间
有透镜体,厚度为 3.83～6.92 m,平均 5.33 m;③ 石英细砂岩,厚度为 1.27～3.85 m,
平均 2.55 m。

直接底为灰色粉砂岩,略含炭质,含植物化石,厚度 1.17～2.25 m,平均 1.86 m;老底
为深灰色粉细砂岩互层,水平层理,具植物化石,厚度 4.25～7.9 m,平均 5.9 m。工作面综
合柱状图,如图 2-1 所示。

由上述地质赋存条件可知,三河尖煤矿主采煤层覆岩呈全硬分布特征。

(2)龙口矿区北皂煤矿 H2101 工作面[63]

北皂煤矿 H2101 工作面走向长度 430 m 左右,倾斜长度 150 m,开采煤层 2 层,分别为
1 煤和 2 煤,2 煤位于 1 煤下方,2 煤为主采煤层,平均厚 4.40 m,煤层倾角 0°～4.6°,坚固性
系数 $f=1.5$。

2 煤层顶板上距第四系地层底界距离为 227～236.9 m,2 煤层直接顶为 15.87 m 厚的
褐黑色含油泥岩,具水平层理,贝壳状平坦状断口,往上为 3.48 m 厚的褐灰色油页岩,上部
含油较高,比重较小,下部质较差;再往上为 1.21 m 厚的 1 煤,褐黑色,成分以亮煤为主,镜
煤、暗煤次之;1 煤直接顶为 6.57 m 厚的灰色含油泥岩,具水平层理,平坦状断口,上部含钙
质,下部含油稍高;往上为 3.9 m 厚的灰色泥岩,质纯、性脆。工作面综合柱状图,如图 2-2
所示。

由该工作面地质条件可知,龙口矿区北皂煤矿主采煤层 2 煤覆岩岩性呈全软分布特征。

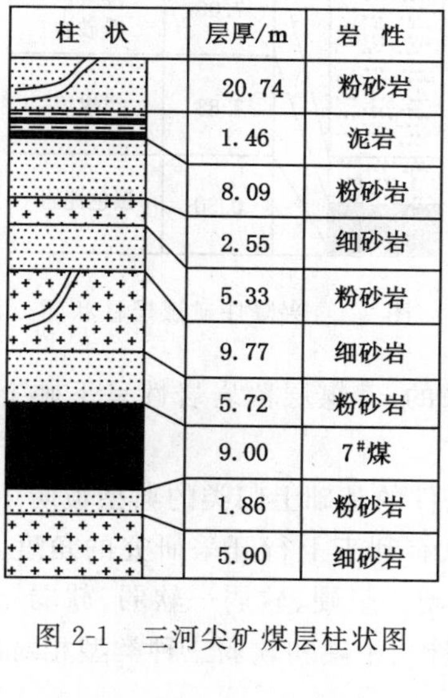

柱　状	层厚/m	岩　性
	20.74	粉砂岩
	1.46	泥岩
	8.09	粉砂岩
	2.55	细砂岩
	5.33	粉砂岩
	9.77	细砂岩
	5.72	粉砂岩
	9.00	7# 煤
	1.86	粉砂岩
	5.90	细砂岩

图 2-1　三河尖矿煤层柱状图

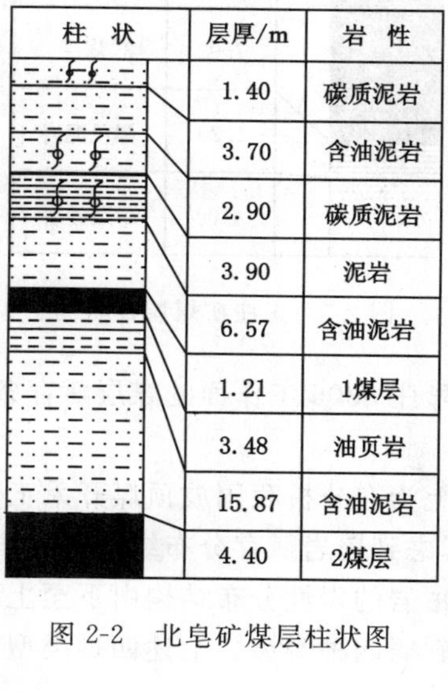

柱　状	层厚/m	岩　性
	1.40	碳质泥岩
	3.70	含油泥岩
	2.90	碳质泥岩
	3.90	泥岩
	6.57	含油泥岩
	1.21	1煤层
	3.48	油页岩
	15.87	含油泥岩
	4.40	2煤层

图 2-2　北皂矿煤层柱状图

(3)王庄煤矿 4309 工作面[64,65]

该工作面主采 3# 煤层,煤层赋存稳定,煤层厚度 5.61～7.23 m,平均厚度 7.02 m,煤层
倾角一般在 3°～5°,含夹矸 1～3 层,厚度 0.1～0.3 m,多为碳质泥岩或泥岩,煤质中硬,坚
固性系数 $f=1.0～2.0$。

工作面煤层具有伪顶,全区发育不全,厚度 0～0.30 m,节理较发育,岩性一般为黑色碳

质泥岩、泥岩,坚硬程度较低,稳定性差,易冒落。直接顶为泥岩和砂质泥岩,有时呈砂泥岩互层状,厚度不稳定,一般为 3~8 m,平均 5 m,层理、节理发育,一般移架后即冒落。基本顶为灰白色石中英长石粒砂岩,有时变为条带状砂岩,致密坚硬,节理不发育,厚度不稳定,最厚达到 28 m,最薄仅 1.38 m,一般厚为 8~12 m,平均 10 m,一般不易冒落。

直接底为灰黑色泥岩或砂质泥岩,厚度不均,一般为 0.5~2.0 m,平均 1.2 m,属中等硬度底板;老底为中细粒石英长石砂岩,厚度 3~5 m,胶结较致密,中等硬度,裂隙不发育,稳定性好。工作面综合柱状图,如图 2-3 所示。

由以上地质条件可知,王庄煤矿主采煤层 3# 煤层的覆岩呈下软上硬分布特征。

(4) 兴隆庄煤矿 5306 工作面[66]

该工作面所采煤层为二叠纪山西组 3# 煤,煤层坚固性系数 $f=2.44$,厚度 5.9~9.1 m,平均 7.83 m;开采深度 392~433 m;煤层产状平缓,内含两层夹矸,厚度小于 30 mm;直接顶为深灰色粉砂岩,厚度 7.0 m 左右,基本顶为浅灰色中砂岩,厚度 30.6 m;直接底为黑色泥岩,遇水膨胀,厚度 0.2~0.7 m,平均厚度 0.3 m,老底为浅灰色细砂岩。工作面综合柱状图,如图 2-4 所示。

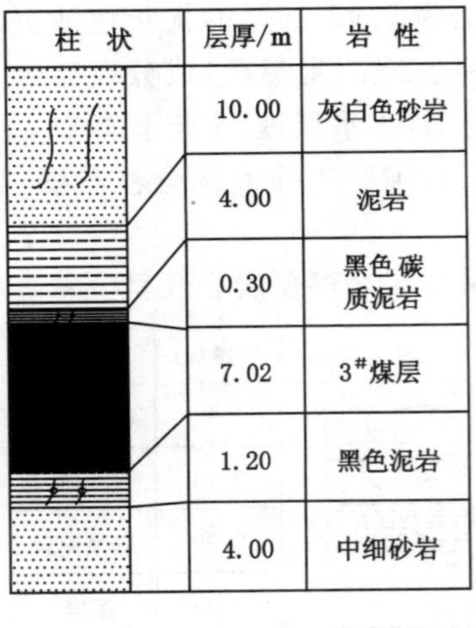

柱 状	层厚/m	岩 性
	10.00	灰白色砂岩
	4.00	泥岩
	0.30	黑色碳质泥岩
	7.02	3#煤层
	1.20	黑色泥岩
	4.00	中细砂岩

图 2-3 王庄矿煤层柱状图

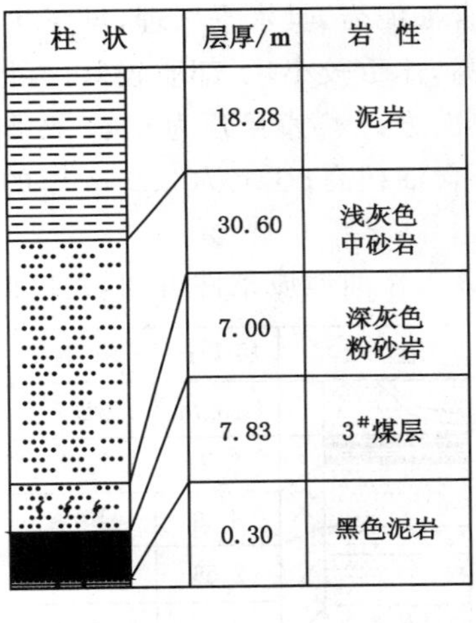

柱 状	层厚/m	岩 性
	18.28	泥岩
	30.60	浅灰色中砂岩
	7.00	深灰色粉砂岩
	7.83	3#煤层
	0.30	黑色泥岩

图 2-4 兴隆庄矿煤层柱状图

兴隆庄 5306 工作面的煤层赋存条件表明,其主采的 3# 煤层覆岩岩性呈下硬上软分布特征。

以上为在分析我国放顶煤开采工作面煤岩赋存条件的基础上归类的典型覆岩工程地质条件,考虑到覆岩赋存分布结构对覆岩破坏的影响,从有利于上行开采研究的角度,把放顶煤开采覆岩的岩性分布结构由下至上简单归纳为:坚硬—坚硬、软弱—软弱、软弱—坚硬和坚硬—软弱四种类型。上述四种类型和目前常用的坚硬、中硬和软弱三种类型相对应[69]。

2.3 放顶煤开采覆岩破坏高度的实测统计分析

我国对放顶煤开采条件下覆岩的破坏高度进行了大量的现场观测,观测结果为上行开采的相关深入研究奠定了基础,文献[67-68]对放顶煤工作面的直接顶垮落高度进行了实测分析,如表 2-1 所示。

表 2-1　　　　　　　全国部分矿井综放工作面实测垮落带高度统计

工作面	煤层厚度 M/m	直接顶垮落高度		不规则垮落带高度		规则垮落带高度	
		高度 H/m	H/M	高度 H_1/m	H_1/M	高度 H_2/m	H_2/M
北皂煤矿 H2101	4.40	9.00	2.05	5.04	1.15	3.96	0.90
旗山 3119	4.50	10.50	2.33	4.50	1.00	6.00	1.33
鹤壁六矿 2503	5.20	10.79	2.08	6.26	1.20	4.53	0.88
大屯徐庄矿	5.50	15.18	2.76	5.95	1.08	9.23	1.68
阳泉一矿 8603	6.38	13.20	2.04	7.80	1.22	6.64	1.04
三河尖 7121	6.50	13.34	2.05	6.58	1.01	6.77	1.04
王庄 4309	7.02	14.20	2.02	7.60	1.08	6.60	0.94
兴隆庄 5306	7.83	17.56	2.24	11.40	1.46	6.27	0.80
三河尖 7131	9.00	20.82	2.31	10.49	1.17	10.33	1.15
扎局 11# 井	12.00	32.00	2.67	11.90	1.00	20.10	1.67
扎局灵北矿	12.00	22.00	1.83	12.00	1.00	10.00	0.83
平均值			2.22		1.14		1.09

注:M——煤层赋存平均厚度,m;

　　H——直接顶垮落高度,m;

　　H_1,H_2——直接顶不规则垮落带和规则垮落带高度,m;

　　H/M——垮高采厚比,即直接顶垮落高度与煤层赋存厚度之比;

　　H_1/M——直接顶不规则垮高采厚比;

　　H_2/M——直接顶规则垮高采厚比。

通过对表 2-1 中煤层厚度和直接顶垮落高度两组统计数据的回归分析得到如图 2-5 所示的变化关系。由图 2-5 可见,由于放顶煤开采一次采出厚度显著增加,直接顶垮落带高度也相应增大,并且仍然与煤层的厚度显著相关,因此,煤层厚度仍然是放顶煤开采覆岩破坏高度的基本影响因素。

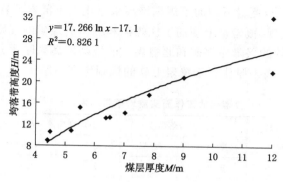

图 2-5　直接顶垮落高度随煤层厚度变化关系

由图 2-5 可发现,放顶煤直接顶垮落高度与煤层厚度之间呈较为明显的递增对数函数关系,在这种关系下,覆岩破坏高度随煤层厚度的变化速率较小。这与以往在中厚煤层条件下煤层厚度与覆岩破坏高度之间一般呈线性或分式关系的研究成果有较明显的差别。分析认为,由于放顶煤开采一次采出煤层厚度的增加,由此引起垮落带内岩性构成发生变化,相比于中厚煤层条件下相对单一的岩性构成,厚煤层放顶煤条件下垮落带岩层一般由不同岩性岩层构成。因此,导致厚煤层放顶煤开采与中厚煤层开采条件下垮落带高度的发展规律存在较为明显的差别。

另外,通过对表 2-1 中煤层厚度 M 和垮高采厚比 H/M 两组数据的统计分析不难发现,直接顶垮高采厚比 H/M 变化区间主要集中在 2.0～2.5 之间,最大值 2.76,最小值 1.83,平均值 2.22,如图 2-6 所示。直接顶垮高采厚比 H/M 并不随煤层厚度的增加而发生较大变化。

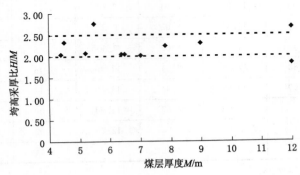

图 2-6　直接顶垮高采厚比与煤层厚度的关系

因此,在放顶煤开采条件下,煤层厚度对覆岩破坏高度的影响规律可以总结为两点,一方面,煤层厚度与覆岩破坏高度呈递增对数函数关系,另一方面,覆岩垮高采厚比并不随煤层厚度增加而发生较大变化。

除了煤层厚度对覆岩破坏高度的影响外,覆岩性质对覆岩破坏高度和发展状态也具有重要影响。为了分析岩性构成对覆岩破坏的影响,对 2.2 节的四类典型覆岩结构进行重点分析并列表 2-2。由表 2-2 可见,覆岩呈下软的北皂煤矿和王庄煤矿的不规则垮高采厚比分别为 1.15 和 1.08;而覆岩呈下硬的兴隆庄煤矿和三河尖煤矿的不规则垮高采厚比分别为 1.46 和 1.17,不难发现,覆岩下硬的不规则垮高采厚比大于覆岩下软的不规则垮高采厚比。另外,由表 2-2 也可发现,覆岩呈上硬的王庄煤矿和三河尖煤矿的规则垮高采厚比分为 0.94 和 1.15;而覆岩呈上软的兴隆庄煤矿和北皂煤矿的规则垮高采厚比分别为 0.80 和 0.90,显然,覆岩上硬的规则垮高采厚比大于覆岩上软的规则垮高采厚比。

表 2-2　　　　　　　　　　典型综放工作面实测垮落带高度统计[67,68]

工作面	煤层厚度 M/m	直接顶垮落高度		不规则垮落带高度		规则垮落带高度	
		高度 H/m	H/M	高度 H_1/m	H_1/M	高度 H_2/m	H_2/M
北皂煤矿 H2101	4.40	9.00	2.05	5.04	1.15	3.96	0.90
王庄 4309	7.02	14.20	2.02	7.60	1.08	6.60	0.94
兴隆庄 5306	7.83	17.56	2.24	11.40	1.46	6.27	0.80
三河尖 7131	9.00	20.82	2.31	10.49	1.17	10.33	1.15

以上均为单因素分析,为了能够全面反映上述岩性影响覆岩破坏特点,进一步对王庄煤矿(覆岩呈下软上硬分布)和兴隆庄煤矿(覆岩呈下硬上软分布)进行分析。王庄煤矿不规则垮高采厚比 H_1/M 和规则垮高采厚比 H_2/M 分别为 1.08 和 0.94,而兴隆庄煤矿的以上两项比值分别为 1.46 和 0.80,显然,王庄煤矿的不规则垮高采厚比小于兴隆庄煤矿,而同时王庄煤矿的规则垮高采厚比 H_2/M 则比兴隆庄煤矿大许多。

由以上分析不难发现,岩性构成对覆岩不规则垮落带和规则垮落带的分布具有重要影响。当覆岩下部为软岩时,由于软岩的碎胀系数较大[1],有利于充填采空区,从而有利于直接顶由不规则垮落带向规则垮落带过渡。当覆岩下部为硬岩时,由于硬岩的碎胀系数相对较小,不利于充填采空区,使得不规则垮落带高度相对增大,从而不利于直接顶由不规则带向规则垮落带过渡。

以上通过对放顶煤开采覆岩破坏高度的实测统计分析,可以看出煤层开采厚度和上覆岩层的性质是煤层覆岩破坏高度和发展状态的最主要的两个影响因素。其中,煤层厚度与直接顶垮落高度呈递增对数函数关系,是覆岩破坏的基本影响因素;而上覆岩层的性质对直接顶不规则垮落带和规则垮落带的分布状态具有重要影响,是覆岩破坏的重要影响因素。

2.4 放顶煤开采影响覆岩破坏高度的地质因素分析

煤层厚度是影响覆岩破坏高度的基本因素,由表 2-1 可以看出,放顶煤开采由于一次采出厚度的增大引起覆岩垮落高度的绝对值增大,从而导致垮落带岩层的岩性构成不再单一,使得垮落带分布更为复杂。

在煤层厚度相同的条件下,上覆岩层性质对覆岩破坏高度和发展状态具有重要影响,众所周知,不同岩性的岩层具有不同的碎胀系数[1] K_p,一般情况下,坚硬岩层取 $K_p=1.10\sim1.15$,中硬岩层取 $K_p=1.15\sim1.20$,软弱岩层取 $K_p=1.20\sim1.25$;另外,覆岩破坏高度和发展状态与岩性组合特征也密切相关,不同岩性岩层的组合,如硬硬组合、软软组合、软硬组合和硬软组合,其力学结构特征不同,因而其垮落特征也不相同[69,70]。

在 2.2 节的实测统计分析中,对王庄煤矿和兴隆庄煤矿覆岩破坏特征进行了重点分析。分析表明,不同岩性组合的覆岩对不规则垮落带和规则垮落带高度的分布具有显著影响。从岩性地质因素[71]角度来分析,这是由于不同岩性及其组合的不同垮落特征所导致。

在王庄煤矿覆岩呈下软上硬的岩性组合条件下,由于下部软岩的碎胀系数较大,垮落后对采空区充填效果较好,在下部软岩厚度合适的条件下,几乎不需要上部硬岩向不规则垮落带转化,从而使得不规则垮落高度采厚比相对较小,$H_1/M=1.08$。同时,由于下部软岩相对较好的充填效果,使得上部硬岩层垮落活动空间相对较小,加之硬岩垮落块度较大,从而有利于形成规则垮落带,所以规则垮落高度采厚比相对较大,$H_2/M=0.94$。

与王庄煤矿覆岩结构相反,兴隆庄煤矿覆岩呈下硬上软分布,由于下部硬岩垮落碎胀系数较小,垮落后对采空区的充填效果相对较差,在硬岩层厚度不够大的时候一定厚度的上部软岩垮落转化为不规则垮落带,从而使得不规则垮落高度采厚比相对较大,$H_1/M=1.46$。同时,由于下部硬岩垮落使得上部软岩跟随下沉,在一定程度上减小了规则垮落带覆岩垮落的空间,加之软岩一定的变形能力,使得覆岩很快由垮落带向裂缝带和弯曲下沉带转化,从而使得规则垮落高度采厚比相对较小,$H_2/M=0.80$。

2.5 本章小结

(1) 通过对放顶煤开采典型覆岩工程地质条件的分析,考虑到覆岩赋存分布结构对覆岩破坏的影响,从有利于上行开采研究的角度,把放顶煤开采覆岩的岩性分布结构由下至上简单归纳为:坚硬—坚硬、软弱—软弱、软弱—坚硬和坚硬—软弱四种类型。

(2) 在对放顶煤开采采场覆岩工程地质条件分析的基础上,对我国部分放顶煤开采采场覆岩破坏高度进行了实测统计分析。分析表明,煤层开采厚度和上覆岩层的性质是煤层覆岩破坏高度和发展状态的最主要的两个影响因素。其中,煤层厚度与直接顶垮落高度呈递增对数函数关系,是覆岩破坏的基本影响因素;而上覆岩层的性质对直接顶不规则垮落带和规则垮落带的分布状态具有重要影响,是覆岩破坏的重要影响因素。

(3) 在放顶煤开采影响覆岩破坏高度的地质因素的分析中,分析了放顶煤开采时由于覆岩垮落高度的绝对值的增大,导致垮落带岩层岩性不再单一,使得垮落带覆岩结构更为复杂,进而对垮落带岩层不同岩性及其组合对不规则垮落带和规则垮落带高度分布的影响机制进行了地质因素分析。

(4) 通过对放顶煤开采覆岩破坏高度的现场实测统计分析,为放顶煤条件下上行开采研究奠定了基础。

3　放顶煤工艺条件下上行开采覆岩失稳垮冒的相似模拟研究

3.1　引　　言

放顶煤条件下覆岩的断裂失稳规律,尤其是直接顶失稳垮落的形态、分布特征、垮冒过程中的结构特点以及岩性分布的影响规律等,是分析研究该条件下上行开采机理及条件的关键之一。相似材料模拟实验具有直观再现煤层采出后上覆岩层变形、破断和垮落全过程的特点。因此,通过相似材料模拟实验[72,73],研究上覆岩层裂隙演化分布规律、覆岩破断失稳特征和直接顶随煤层采放垮冒的过程和规律,初步探讨放顶煤条件下上行开采的相关机理和层间岩性的影响规律。

3.2　相似模拟方案

3.2.1　主要研究内容

通过物理相似模拟方法主要研究以下内容:
(1) 放顶煤工艺条件下覆岩裂隙演化分布规律;
(2) 放顶煤工艺条件下覆岩破断失稳特征;
(3) 放顶煤工艺条件下直接顶垮冒的"散体拱"特征;
(4) 直接顶"散体拱"结构形成机理和移动演化规律;
(5) 放顶煤工艺条件下垮落带高度的确定。

3.2.2　实验模型及研究方案

实验采用平面应力相似材料模拟实验台,实验台由框架系统、加载系统和测试系统三部分组成。为了便于研究厚煤层放顶煤开采引起的上覆岩层裂隙演化分布规律、覆岩破断失稳特征和直接顶随煤层采放垮冒的过程和规律,分别进行了两组几何相似比不同的实验。几何相似比为 1∶150 的实验主要研究煤层间岩性结构呈软—硬—软和硬—软—硬条件。几何相似比为 1∶50 的实验,重点研究煤层间岩层的破断与垮落规律、结构特征及其对上煤层稳定性的影响。

为了研究层间不同岩性构成对上覆岩层的裂隙演化分布规律和覆岩破断失稳特征的影响,实验的几何相似比为 1∶150,实验中进行了两台(实验 1 和 2)在相同煤层厚度条件下岩性构成不同、层间距相同的模型和一台(实验 3)相对实验 1 增加了煤层厚度而保持层间距不变的模型对上行开采覆岩垮冒的影响规律研究。实验模型采用逐层连续铺设,模型高度之上的覆岩采用外力补偿法来模拟。

几何相似比为 1∶50 的实验(实验 4),主要对直接顶的垮冒过程和规律进行研究。实验模型采用模块化铺设,模型高度之上的覆岩采用外力补偿法来模拟。

模拟实验依据济宁三号煤矿的地质条件进行实验研究。两组四台模拟实验的主要相似常数见表 3-1;根据相似常数计算出的模型各煤岩层的物理力学参数和配比见表 3-2 至表 3-5。

表 3-1 模拟实验主要相似常数

主要相似常数	几何相似比	
	1∶50	1∶150
重度相似常数 C_γ	1.56	1.56
应力相似常数 C_σ	78	234
动力相似常数 C_F	0.195×10^6	5.265×10^6
时间相似常数 C_t	7.07	12.24

表 3-2 实验 1 软—硬—软岩性构成模型配比计算表

序号	岩 性	厚度/m	重度 γ/(kN/m³)	岩块抗压强度/MPa	岩块抗拉强度/MPa	岩块抗剪强度/MPa	模型厚度/cm	配比号
1	细砂岩	60.00	26.10	64.8	5.02	11.70	40.00	637
2	中砂岩	38.70	26.17	54.1	4.63	12.20	25.80	555
3	含砾粗砂岩	36.47	24.43	43.0	2.25	5.83	24.31	373
4	细砂岩	11.90	23.77	40.8	2.16	1.73	7.93	755
5	粉细砂岩互层	14.60	24.84	36.4	2.58	3.81	9.73	473
6	泥岩	20.00	24.23	14.9	0.87	2.04	13.33	782
7	粉细砂岩互层	8.00	24.84	36.4	2.58	3.81	5.33	473
8	泥岩	2.80	24.23	14.9	0.87	2.04	1.87	782
9	3上煤	1.65	13.15	15.0	0.72	1.73	1.10	782
10	泥岩	1.80	26.36	14.9	0.87	2.04	1.20	782
11	粉细砂岩互层	2.00	24.84	36.4	2.58	3.81	1.33	473
12	中细砂岩互层	22.50	26.17	68.5	5.58	13.20	15.00	628
13	粉砂岩	8.50	24.84	31.8	1.92	3.29	5.67	673
14	3下煤	6.00	13.15	16.5	0.75	1.73	4.00	782
15	泥岩	1.60	24.23	14.9	0.87	2.04	1.07	782
16	粉细砂岩互层	10.12	24.84	36.4	2.58	3.81	6.74	473

在实验 4 中重点研究区域模块制作标准与依据如下:

（1）直接顶模块尺寸确定依据直接顶节理裂隙的分布、支承压力作用效果和现场观测结果[74]，并按实验比例制作；

（2）基本顶模块几何尺寸按一个周期来压步距并根据模型比例制作；

（3）为便于模拟顶煤放出过程将模型顶煤层切割成模拟开采步距的1/3；

（4）制作过程中以岩石的抗压强度为主要相似条件，满足相似准则。

表 3-3　　　　　　　　　　实验 2 硬—软—硬岩性构成模型配比计算表

序号	岩性	厚度/m	重度 γ/(kN/m³)	岩块抗压强度/MPa	岩块抗拉强度/MPa	岩块抗剪强度/MPa	模型厚度/cm	配比号
1	细砂岩	60.00	26.10	64.8	5.02	11.70	40.00	637
2	中砂岩	38.70	26.17	54.1	4.63	12.20	25.80	555
3	含砾粗砂岩	36.47	24.43	43.0	2.25	5.83	24.31	373
4	细砂岩	11.90	23.77	40.8	2.16	1.73	7.93	755
5	粉细砂岩互层	14.60	24.84	36.4	2.58	3.81	9.73	473
6	泥岩	20.00	24.23	14.9	0.87	2.04	13.33	782
7	粉细砂岩互层	8.00	24.84	36.4	2.58	3.81	5.33	473
8	泥岩	2.80	24.23	14.9	0.87	2.04	1.87	782
9	3上煤	1.65	13.15	15.0	0.72	1.73	1.10	782
10	中细砂岩互层	10.50	26.17	68.5	5.58	13.20	7.00	628
11	泥岩	1.80	26.36	14.9	0.87	2.04	1.20	782
12	粉细砂岩互层	2.00	24.84	36.4	2.58	3.81	1.33	473
13	粉砂岩	8.50	24.84	31.8	1.92	3.29	5.67	673
14	中细砂岩互层	12.00	26.17	68.5	5.58	13.20	8.00	628
15	3下煤	6.00	13.15	16.5	0.75	1.73	4.00	782
16	泥岩	1.60	24.23	14.9	0.87	2.04	1.07	782
17	粉细砂岩互层	10.12	24.84	36.4	2.58	3.81	6.74	473

表 3-4　　　　　　　　　　实验 3 软—硬—软岩性构成模型配比计算表

序号	岩性	厚度/m	重度 γ/(kN/m³)	岩块抗压强度/MPa	岩块抗拉强度/MPa	岩块抗剪强度/MPa	模型厚度/cm	配比号
1	细砂岩	60.00	26.10	64.8	5.02	11.70	40.00	637
2	中砂岩	38.70	26.17	54.1	4.63	12.20	25.80	555
3	含砾粗砂岩	36.47	24.43	43.0	2.25	5.83	24.31	373
4	细砂岩	11.90	23.77	40.8	2.16	1.73	7.93	755
5	粉细砂岩互层	14.60	24.84	36.4	2.58	3.81	9.73	473
6	泥岩	20.00	24.23	14.9	0.87	2.04	13.33	782

序号	岩 性	厚度/m	重度 γ/(kN/m³)	岩块抗压强度/MPa	岩块抗拉强度/MPa	岩块抗剪强度/MPa	模型厚度/cm	配比号
7	粉细砂岩互层	8.00	24.84	36.4	2.58	3.81	5.33	473
8	泥岩	2.80	24.23	14.9	0.87	2.04	1.87	782
9	3上煤	1.65	13.15	15.0	0.72	1.73	1.00	782
10	泥岩	1.80	26.36	14.9	0.87	2.04	1.20	782
11	粉细砂岩互层	2.00	24.84	36.4	2.58	3.81	1.33	473
12	中细砂岩互层	22.50	26.17	68.5	5.58	13.20	15.00	628
13	粉砂岩	8.50	24.84	31.8	1.92	3.29	5.67	673
14	3下煤	9.50	13.15	16.5	0.75	1.73	6.33	782
15	泥岩	1.60	24.23	14.9	0.87	2.04	1.07	782
16	粉细砂岩互层	10.12	24.84	36.4	2.58	3.81	6.74	473

表 3-5　　　　　　　　　　　　　实验 4 模型模块参数

岩层类型	层 号	厚度/cm	岩块长度/cm	宽度/cm	块数 n	备 注
泥岩	35	5.6	连续铺设	20	/	
3上煤	34	3.3	连续铺设	20	/	
泥岩	33	3.6	连续铺设	20	/	
粉砂岩	32	4.0	连续铺设	20	/	
中细砂岩互层	28～31	6.0	24	20	10.4	基本顶
中细砂岩互层	21～27	3.0	6	20	41.7	上位直接顶
粉砂岩	18～20	3.0	6	20	41.7	下位直接顶
粉砂岩	16～17	2.0	5	20	50.0	下位直接顶
粉砂岩	14～15	1.5	4	20	62.5	下位直接顶
粉砂岩	13	1.0	3	20	83.3	下位直接顶
3下煤	6～12	1.0	2	20	125.0	3下煤层顶煤
3下煤	5	6.0	连续铺设	20	/	3下煤层采高
泥岩	4	3.2	连续铺设	20	/	
细砂岩	3	2.4	连续铺设	20	/	

3.2.3　模型制作和量测

几何相似比为 1：150 的实验，模型外形尺寸为 250 cm×20 cm×150 cm。模型沿水平方向分层铺设,分层捣实后,分层间撒上滑石粉、云母粉模拟层面;当岩层厚度大时,每层分次铺设,分次捣实后,撒上滑石粉、云母粉模拟层理面;同时垂直于层面、层理切断岩层,撒入滑石粉、云母粉模拟节理。模型干燥后,为了便于观测,首先用白灰粉刷模型前面,然后在模型前面布设铅垂和水平观测线,两线的交点作为观测点。煤层埋深 580 m,模型煤层覆岩铺设 225 m,其上 355 m 岩层采用外力补偿法模拟,实验模型如图 3-1 所示。

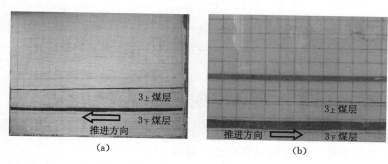

图 3-1　实验模型的全貌
(a) 几何相似比 1∶150 的实验 1 和 2;(b) 几何相似比 1∶150 的实验 3

　　几何相似比为 1∶50 的实验,模型外形尺寸为 250 cm×20 cm×130 cm。首先,模型沿水平方向分层铺设 $3_下$ 煤层底板及 $3_下$ 煤层,分层捣实后,分层间撒上滑石粉、云母粉模拟层面;当岩层厚度大时,每层分次铺设,分次捣实后,撒上滑石粉、云母粉模拟层理面;然后,将预先做好的 $3_下$ 煤层顶煤、直接顶和基本顶模块按顺序逐层铺设,为了保证铺设的平整性,铺设过程中各分层之间用砂子进行充填,以确保整个模型的稳定性;接着,按照铺设底板的方式铺设基本顶以上至模型顶部的其余覆岩。模型干燥后,为了便于观测,用白灰粉刷模型前面。模型上方直到地表 515 m 的岩层采用外力补偿法模拟,实验模型如图 3-2 所示。

　　根据现场采煤工作面实际回采速度 8 m/d,按速度相似常数:几何相似比 1∶150 实验 $C_{v150}=1.8×10^3$,几何相似比 1∶50 实验 $C_{v150}=0.354×10^3$ 的关系,求得模拟煤层的开采速度分别为 0.44 cm/d 和 2.26 cm/d。

　　模拟煤层在开采过程中,通过位移计对上覆岩层运动进行监测,测点布置如图 3-3 所示,几何相似比 1∶150 的实验位移计布置参数见表 3-6。运用钢卷尺对覆岩垮落高度和宽度进行测量,并以拍照的方法作为辅助观测手段。

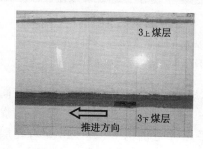

图 3-2　几何相似比 1∶50 的实验全貌

图 3-3　1∶150 的实验位移观测点

表 3-6 　　　　　　　　　　　　　　　　模型位移计布置参数

项　目	软—硬—软实验		硬—软—硬实验	
	$3_上$煤层	中细砂岩层	上部中细砂岩层	下部中细砂岩层
测点坐标(x,y) （单位：cm）	(20,50)	(30,40)	(30,40)	(50,30)
	(50,50)	(65,40)	(65,40)	(75,30)
	(95,50)	(75,40)	(95,40)	(100,30)
	(115,50)	(100,40)	(115,40)	(125,30)
	(150,50)	(125,40)	(150,40)	(160,30)

3.3　放顶煤条件下上覆岩层宏观破坏规律

3.3.1　放顶煤工艺条件下覆岩裂隙演化分布规律

　　图 3-4(a)、(b)分别表示层间岩层为软—硬—软岩性构成和硬—软—硬岩性构成时，工作面分别推进 120 cm(180 m)和 130 cm(195 m)时覆岩裂隙分布状况。实验结果表明，随工作面推进不同岩性构成时覆岩裂隙的演化分布存在如下共同特点：离层裂隙呈动态变化，即随着工作面的推进经历由产生、发育到最后闭合的过程。离层裂隙分布随时空变化，在开切眼、终采线和采场附近离层裂隙发育，切眼及停采线附近覆岩产生拉剪切破坏，裂隙渐进发展，断裂裂隙发育；采场附近顶板离层间隙和断裂裂隙随工作面推进呈现动态变化，其覆岩结构随工作面推进呈稳定—失稳—再稳定的规律性变化；采空区中部裂隙逐渐被压实；覆岩中强度相对较弱的岩层裂隙发育受覆岩中强度相对较强的岩层裂隙控制。

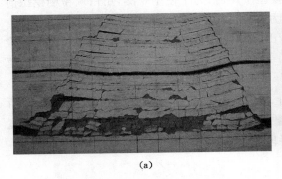 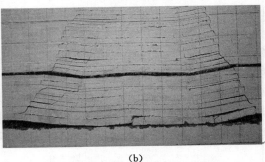

(a) 　　　　　　　　　　　　　　　　(b)

图 3-4　不同岩性组合条件下覆岩裂隙分布状况

(a) 层间软—硬—软岩性构成模型；(b) 层间硬—软—硬岩性构成模型

　　由于层间岩性构成不同，其裂隙发育和分布规律仍然存在较为显著的不同。从图 3-4(a)和图 3-4(b)的对比可以发现，在层间呈软—硬—软岩性构成的实验中，自煤壁向采空区方向覆岩破断裂隙呈 40°向上延伸，裂隙水平延伸范围为 30 cm(45 m)；在层间呈硬—软—硬岩性构成的实验中，自煤壁向采空区方向覆岩破断裂隙呈 55°向上延伸，裂隙水平延伸范围为 40 cm(60 m)。造成这种状况的主要原因在于两台实验岩性构成的不同，在软—硬—软岩性构成的实验中,由于 $3_下$ 煤层顶板有岩性较弱的直接顶存在,而且直接顶垮冒之后对采空区有充填作用,在很大程度上减小了基本顶的回转空间,从而使得基本顶岩层发生相对较小回转的情况即可接触到矸石,由于矸石的支撑作用,从而使得覆岩垮落角相对较大,裂隙水平延伸范围相对较小。而在硬—软—硬岩性构成的实验中,由于 $3_下$ 煤层顶板为坚硬岩层,没有岩性较弱的直接顶存在,从而使得坚硬岩层破断失稳的回转空间显著加大;同时,由于顶板岩性强度较大,垮落角相对较小,垮落的步距相对较大,从而使得覆岩裂隙水平延伸的范围相对加大。

3.3.2 放顶煤工艺条件下覆岩变形破断失稳特征

3.3.2.1 覆岩破断失稳特征

(1)煤层层间岩层呈软—硬—软分布时的破断失稳特征

图 3-5 为层间呈软—硬—软岩性构成,$3_下$ 煤层上覆岩层随开采垮落的过程。从覆岩随开采垮落的过程可以看出,基本顶上位岩层形成的平衡结构是保证 $3_上$ 煤层连续、不产生台阶错动的关键。覆岩随开采垮落过程中,由于直接顶岩性较弱而随采随垮,如图 3-5(a)所示。基本顶岩层受自身分层厚度和强度的影响,随着开采的进行下位基本顶岩层首先垮落,如图 3-5(b)所示。尽管在覆岩垮落过程中发生了基本顶下位岩层破断失稳的情况,如图 3-5(c)所示,但由于直接顶厚度与 $3_下$ 煤层厚度较为合适,使得直接顶的垮落在很大程度上充填了采空区,限制了基本顶岩层的大幅度的回转,平均回转角 $7°$,因而,才使得基本顶失稳岩层未进一步向上位发展,为上位基本顶岩层形成围岩平衡结构创造了有利条件。

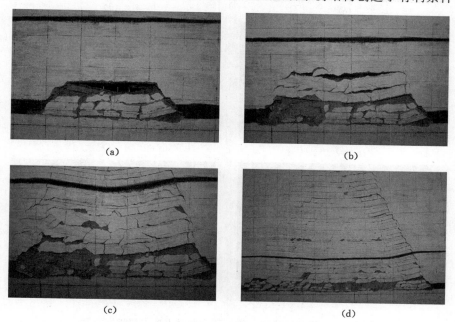

(a)   (b)
(c)   (d)

图 3-5　层间岩层呈软—硬—软分布时上覆岩层变形破坏过程

(a)直接顶初次垮冒;(b)基本顶下位岩层初次破断;

(c)下位基本顶岩层失稳垮落;(d)开采结束时的覆岩变形破断情况

由于直接顶和下位失稳的基本顶对采空区的充填作用,大大减小了上位基本顶岩层的回转空间,使上位基本顶岩层变形下沉曲线的挠度较小,从而使得 $3_上$ 煤层的变形曲线显得较为平缓且连续,如图 3-5(d)所示。

(2)煤层层间岩层呈硬—软—硬分布时的破断失稳特征

图 3-6 为层间岩层呈硬—软—硬分布时,$3_下$ 煤层上覆岩层随开采垮落的过程。从覆岩随开采垮落的过程可以看出,两个部位的坚硬岩层破断均对 $3_上$ 煤层的移动变形具有影响。

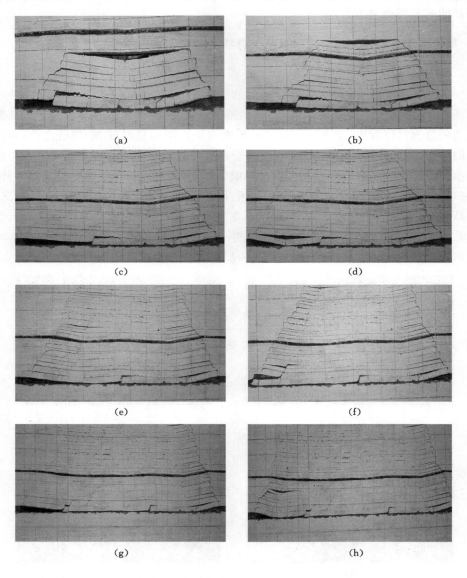

图 3-6　层间岩层呈硬—软—硬分布时上覆岩层破断过程

(a)下部坚硬岩层首次破断失稳;(b)上部坚硬岩层首次破断产生折断带;

(c)下部坚硬岩层第一次大面积悬空;(d)下部坚硬岩层第一次发生二次破断;

(e)$3_上$ 煤层第一次出现波峰现象;(f)第二次伴随失稳的下部坚硬岩层破断;

(g)下部坚硬岩层第二次大面积悬空;(h)下部坚硬岩层第二次发生二次破断

上部坚硬岩层对 $3_{上}$ 煤层移动变形的影响表现为在坚硬岩层破断处呈折断带的形式,如图 3-6 所示。折断带的产生主要是由于坚硬岩层刚度较大,破断处挤压应力大,下沉曲线斜率突变,从而在 $3_{上}$ 煤层表现为折断带的形式。

下部坚硬岩层破断对 $3_{上}$ 煤层移动变形的影响是以间接的形式出现的。由于坚硬岩层的强度较大,坚硬岩层的破断步距比较大,从而造成下部坚硬岩层往往出现二次破断的现象,如图 3-6(d)、(h)所示。二次破断的坚硬岩块两端往往出现较强的挤压作用,这种挤压作用往往使得抗剪强度相对较小的一个端面发生错动现象。由于坚硬岩层的强度较大,产生错动的部位在随后的采空区压实过程中不易密合和恢复,从而在 $3_{上}$ 煤层表现为局部的波峰或突垒现象,如图 3-6(e)所示,实验中下部坚硬岩层两次出现二次破断,在 $3_{上}$ 煤层表现为两处波峰或突垒现象,如图 3-6(h)所示。

由上述对两种不同层间岩性构成的实验结果的分析表明,层间岩性结构呈软—硬—软分布时,上煤层连续性好,没有台阶错动现象发生,有利于上行开采;而当层间岩性结构呈硬—软—硬分布时,坚硬岩层的破断失稳会造成上层煤产生波峰或突垒现象,甚至会产生台阶错动,因而不利于上行开采。因此,层间岩性构成是影响上行开采的重要因素,也是判断是否有利于上行开采的关键。

3.3.2.2 覆岩中 $3_{上}$ 煤层的移动变形特征

图 3-7(a)显示在 $3_{下}$ 煤层至 $3_{上}$ 煤层之间岩性为软—硬—软构成条件下, $3_{上}$ 煤层移动曲线呈现为典型的盆地形状。受到 $3_{下}$ 煤层基本顶上位平衡岩体结构的保护作用, $3_{上}$ 煤层整个移动盆地曲线较为平缓,从而使得此岩性构成条件适合放顶煤工艺条件下的上行开采。

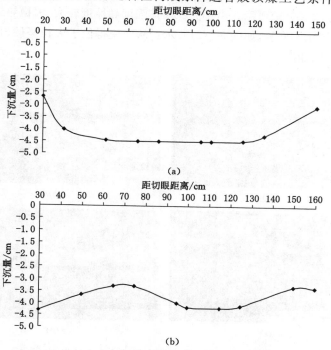

图 3-7　几何相似比 1∶150 的实验 $3_{上}$ 煤层移动特征曲线

(a)层间岩层呈软—硬—软时 $3_{上}$ 煤层移动特征曲线;(b)层间岩层呈硬—软—硬时 $3_{上}$ 煤层移动特征曲线

图 3-7(b)显示在 $3_下$ 煤层至 $3_上$ 煤层之间岩性为硬—软—硬构成条件下，$3_上$ 煤层移动曲线呈现为波峰与波谷相间波浪形状。在由波谷向波峰过渡的拐点处往往会出现折断带。折断带内往往容易出现台阶错动，而且对 $3_上$ 煤层围岩破坏也较为严重，如图 3-8 所示。因此，从整体上讲此类岩层构成条件不利于放顶煤工艺条件下上行开采。

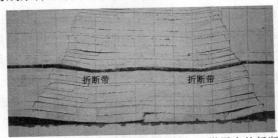

图 3-8 层间岩层呈硬—软—硬分布时 $3_上$ 煤层内的折断带

3.3.3 煤层厚度和层间距对上行开采覆岩垮冒的影响

由上述对不同层间岩性构成时的实验结果分析可知，在层间岩性呈软—硬—软构成时比较有利于上行开采。为进一步分析层间厚度和煤层厚度对覆岩垮冒的影响，实验 3 和实验 1 相比减小了层间距与下煤层厚度之比。图 3-9 为实验 3 上覆岩层随开采垮落的过程。在两层煤之间岩性构成相同的情况下，由于实验 3 相对于实验 1 增大了下煤层厚度，而保持上、下煤层间距不变，从而导致覆岩活动空间的增大，软弱岩层垮落后不能充满采空区，使得上位坚硬岩层回转空间增大，从而导致其失稳垮落，如图 3-9(a)所示。当垮落空间较大时，导致多层坚硬岩层失稳垮落，如图 3-9(b)所示。由于失稳块体强度和厚度较大，失稳导致的块体间的相互错动不易被上覆岩层压实恢复，如图 3-9(c)所示。从而使得位于失稳坚硬岩层上的 $3_上$ 煤层产生永久性的台阶错动，如图 3-9(d)所示。

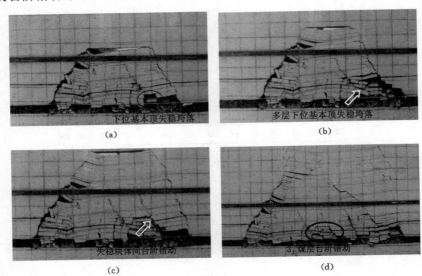

图 3-9 实验 $3_上$ 煤层台阶错动产生过程

(a) 下位基本顶失稳垮落；(b) 多层下位基本顶失稳垮落；

(c) 失稳块体间产生台阶错动；(d) 压实恢复后煤层产生台阶错动

3.4 放顶煤条件下直接顶的垮落规律

3.4.1 放顶煤工艺条件下直接顶垮冒的"散体拱"特征

为了使模拟实验与原型的工艺[75]过程相似,在几何相似比 1：50 的实验中依据现场使用的放顶煤液压支架参数[76],按 1：50 比例制作两架简易的放顶煤支架。按照综放工艺的要求先采后放循环移架。

图 3-10(a)、(b)显示了直接顶未充分垮落条件下的状况。图 3-10(a)为割煤作业完成后的状况,放煤区上部的直接顶虽已垮落破碎成散体状态,但由于运动空间相对较小,垮落后排列仍然较为规则。图 3-10(b)为进入放煤阶段之后,随着顶煤的放出和垮落直接顶运动空间加大,在放煤区上方的顶煤和已垮落压实的矸石之间形成垮落直接顶流动的空间,垮落的直接顶散体岩块不断流入放煤区,放空区上方的直接顶岩块的运动幅度显著大于顶煤上方和已压实矸石上方直接顶岩块的运动幅度,因此,流入放煤区上方空间的岩块比其他地方岩块的赋存状态混杂,因而形成不规则垮落的空间。

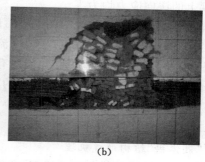

(a)   (b)

图 3-10　直接顶未充分垮落条件下煤岩结构形态
(a) 放煤前；(b) 放煤后

图 3-11(a)、(b)显示了直接顶已充分垮落条件下的状况。图 3-11(a)为完成割煤循环之后的情形,在放煤区上部散体状态的上位直接顶矸石开始初步形成一个前拱脚位于支架顶煤上方,后拱脚位于已被压实的矸石上方的"拱"式结构[77-82];图 3-11(b)为这个循环放煤阶段结束之后的情形,由散体状态的上位直接顶矸石形成的拱结构的稳定状态。由于该拱结构是由垮落成散体的直接顶冒矸形成的,在此称为"散体拱"结构。"散体拱"结构影响其上位直接顶的垮冒形式和分布形态,如图 3-11(b)所示,此拱结构是不规则垮落带和规则垮落带的分界线,因此,该拱是影响直接顶垮冒后是否呈规则垮落分布的关键因素。而后者则是在放顶煤条件下,判断是否具有上行开采可行性的重要条件。

3.4.2 直接顶"散体拱"结构的形成机理和移动演化规律

3.4.2.1 直接顶散体拱结构的形成条件及影响因素[83]

垮落的下位直接顶岩块随着顶煤从放煤口的放出而发生运移和流动,放煤过程中直接顶岩块流动的前后边界随着至放煤口距离的减小,直接顶岩块运移与流动的断面逐渐减小,

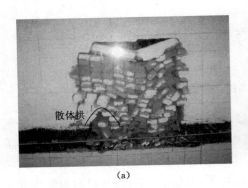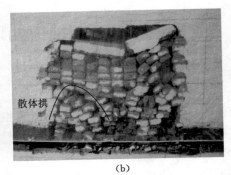

散体拱　　　　　　　　　散体拱

（a）　　　　　　　　　　　　　（b）

图 3-11　直接顶充分垮落条件下煤岩结构特征

（a）放煤前；（b）放煤后

直接顶岩块又有水平方向的移动，故易成拱。垮落的下位直接顶成拱条件为：如果沿整个流动断面周边作用的垂直切力足以承受位于其上方垮落的直接顶岩块重力时，则在放煤口的上方就会成拱，它的轮廓将与最大主应力迹线重合。拱线属于散粒体自由表面的范围，故沿其整个长度上的法向应力均为零。

　　从放煤过程中垮落直接顶成拱的条件可以看出，影响放煤过程中成拱的主要因素有直接顶岩块的块度、流动边界距、放煤口尺寸、流动断面速度梯度等。大块或小长条形直接顶岩块在放出的过程中，煤岩块间的相互位置有可能存在相互咬合的成拱条件。因流动边界影响，流动断面内中间速度大，产生不均匀的下沉，即流动断面内存在速度梯度，当速度梯度越大时越易成拱。随着到放煤口距离的减小，流动区域边界的收缩程度越大，顶煤体越易成拱。放煤口尺寸越大，顶煤体越不易成拱。

3.4.2.2 "散体拱"结构形成机理[84]

　　为了研究和分析散体拱的形成机理，现作如下假设：

　　（1）将由顶煤至已压实的矸石之间视为直接顶矸石流动的孔口；

　　（2）在工作面面长方向上，将直接顶矸石流动孔口假设为无限长缝隙型孔；

　　（3）破碎垮落的直接顶在开始流动前以及流动过程中均处于平面应力状态。

　　当移架和放煤开始时，垮落的直接顶开始流动起来，则 m 点的应力状态发生变化，如图3-12 所示。垂直应力 $\sigma_{1,0}$ 开始减小，并且在最初阶段散体介质的变形是弹性的。之后，垂直应力变得比水平压应力要小，在散体中发生塑性变形。在某一瞬间，将出现成拱的条件。此时应力圆的位置变化，而垂直压应力变为零。由于在散体流动口内介质发生变形，使得沿垂直平面 $n_1—n_2$ 和 $n_3—n_4$ 产生剪应力，从而使位于平面 $n_1—n_2$ 和 $n_3—n_4$ 上各点的应力图轴线倾斜某一角度 ψ，此时拱顶点的最大主应力为 σ_c，拱脚点的最大主应力为 σ_1。如果沿整个流动口周边作用的垂直切力足以承受位于流动口上方的垮落岩石重力时，则在口的上方就会成拱，它的轮廓将与最大主应力迹线重合，拱线属于散体自由表面的范围，故沿其整个长度上的法向应力均为零[85]。

　　将上述过程简化为一力学几何模型，如图 3-13 所示。

　　设分离体的平面 AB 上作用合应力 $\sigma_{AB合}$，将 $\sigma_{AB合}$ 分解为切应力 τ_{AB} 和正应力 σ_{AB}；平面 CD 上作用合应力 $\sigma_{CD合}$，将 $\sigma_{CD合}$ 分解为切应力 τ_{CD} 和正应力 σ_{CD}。由拱体的对称性可知在数

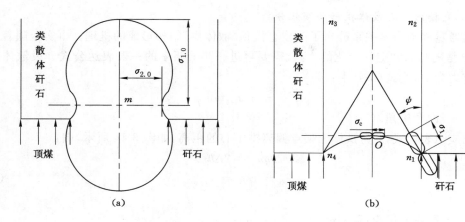

图 3-12　应力的极坐标表示

$\sigma_{1.0}$，$\sigma_{2.0}$——m 点最大和最小主应力，MPa；σ_c——O 点极限应力状态时的最大主应力，MPa；

σ_1——n_1 点极限应力状态时的最大主应力，MPa；ψ——极坐标应力图轴线倾斜角，(°)；

n_1—n_2 沿后拱脚垂直剖面；n_3—n_4 沿前拱脚垂直剖面

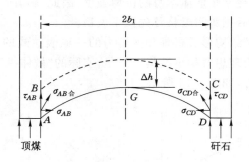

图 3-13　拱平衡计算图

Δh——单元体高度，m；$2b_1$——拱体跨度，m；G——单元体重力，kN；

$\sigma_{AB合}$——AB 平面上作用的合应力，MPa；$\sigma_{CD合}$——CD 平面上作用的合应力，MPa；

σ_{AB}，τ_{AB}——$\sigma_{AB合}$ 分解的正应力和切应力，MPa；σ_{CD}，τ_{CD}——$\sigma_{CD合}$ 分解的正应力和切应力，MPa

值大小上：

$$\sigma_{AB合} = \sigma_{CD合} = \sigma \tag{3-1}$$

$$\tau_{AB} = \tau_{CD} = \tau \tag{3-2}$$

分离体的重力 G 取为：

$$G = 2b_1 \Delta h \rho g \tag{3-3}$$

写出平衡方程式：

$$G = 2\Delta h \tau$$

$$\tau = b_1 \rho g \tag{3-4}$$

式中　ρ——岩体密度，kg/m³；

　　　Δh——单元体高度，m。

式(3-4)即为"散体拱"结构形成的力学平衡条件。

3.4.2.3 直接顶矸石散体拱移动演化分析[86]

前面通过静态力学关系分析了上位直接顶"散体拱"结构形成的机理。事实上随着开采的进行,τ 是随时间和空间变化的,为此需要再进一步分析 τ 的一般表达公式。设散体之间初始切应力为 τ_0,则式(3-4)中:

$$\tau = \tau_0 + \sigma_{CD} \tan \varphi \tag{3-5}$$

式中　φ——内摩擦角,(°)。

求切应力表达式,x 为拱体上某点偏离拱中心的距离,如图 3-14 所示,则:

$$2x\Delta h\rho g = 2\Delta h\tau_x$$
$$\tau_x = x\rho g = x\gamma \tag{3-6}$$

式中　$\gamma = \gamma'/K_p$;

　　　γ——散体岩层重度,kN/m^3;

　　　γ'——原始岩体重度,kN/m^3;

　　　K_p——岩体的碎胀系数。

从 τ 的一般表达公式(3-6)能够看出偏离拱中心越远受剪切力越大,但是"散体拱"结构的承载能力是有限的,它受制于散体本身的抗剪强度,因此,随着开采的进行,"散体拱"结构的跨度不断加大,拱的前后拱脚附近将首先发生失稳。

在上述有关"散体拱"结构形成机理和剪切力的一般表达式的分析中,为了简化数学运算均是将"散体拱"假设为理想对称拱结构。但是,实际的"散体拱"结构并不对称,且前拱脚和后拱脚的高度也不相等,如图 3-15 所示。

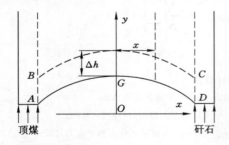

图 3-14　拱剪应力一般表达式计算

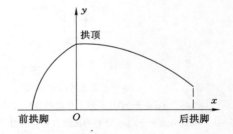

图 3-15　实际散体拱示意图

在基本顶岩层结构未失稳的条件下,上位直接顶"散体拱"结构随着开采的进行不断失稳、重组和前移[87],如图 3-16 所示。

上位直接顶"散体拱"结构移动期间经历两个过程,首先,割煤移架之后前拱脚向前移动瞬间达到拱的最大跨度,如图 3-16 中 2 所示。由于后拱脚比前拱脚偏离拱顶轴线距离大,因此,此时拱的后脚附近上位直接顶散体首先失稳,并作为规则垮落带一部分被压实在下部的不规则垮落带之上;然后,随着顶煤不断流入待放区内,前拱脚也将失稳并后移从而使得整个上位直接顶"散体拱"结构回归至原来的状态,如图 3-16 中 3 所示。至此,整个上位直接顶"散体拱"结构完成前移的过程,移动之后的状况如图 3-17 所示。

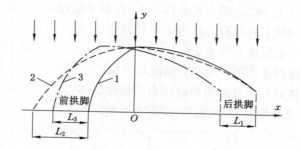

图 3-16 "散体拱"移动过程

1——移动前的位置;2——跨度瞬间最大位置;3——移动后的位置;

L_1——后拱脚移动距离;L_2——前拱脚瞬间移动的距离;

L_3——前拱脚最终移动距离

图 3-17 "散体拱"移动之后

3.4.3 放顶煤工艺条件下垮落带高度的确定

3.4.3.1 "散体拱"跨度的确定

众所周知,采场后方附近的散体矸石是呈自然状态堆积的[88,89],其堆积分布形态如图 3-18 所示。在图中分别由支架放煤口 A 点和后拱脚 B 点作垂直于底板的直线 AD 和 BC,从图 3-18 可以发现,AD 和 BC 之间的散体矸石由于处于免压状态而呈自然堆积状态。

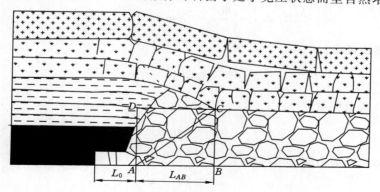

图 3-18 散体拱跨度分析

为了便于分析 AD 和 BC 范围内的散体矸石,作如下假设:

(1) 处于自然堆积状态的矸石形状为一个长方体;

(2) 散体矸石处于极限应力状态;

(3) 长方体散体在自重作用下沿 AC 面破坏滑塌;

(4) 所研究的散体矸石是具有初始剪切力的黏性散体。

假设长方体散体矸石堆的剖面图,如图 3-19 所示。

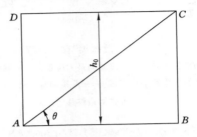

图 3-19 假设的长方体堆剖面

根据散体矸石的极限应力曲线图(见图 3-20),可以求得散体矸石在自然堆积状态下的最高垂直高度的关系式。

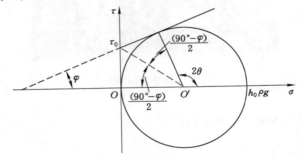

图 3-20 散体矸石应力圆

根据平面几何的相关知识,在图 3-20 中有如下关系式:

$$\frac{h_0 \rho g}{2\tau_0} = \cot\left(\frac{90° - \varphi}{2}\right) = \tan\left(45° + \frac{\varphi}{2}\right) \tag{3-7}$$

式(3-7)整理可得:

$$h_0 = \frac{2\tau_0}{\rho g}\tan\left(45° + \frac{\varphi}{2}\right) \tag{3-8}$$

由图 3-20 所示关系可得:

$$\frac{h_0}{L_{AB}} = \tan \theta \tag{3-9}$$

由图 3-20 所示应力圆可求得:

$$2\theta = 90° + \varphi$$

$$\theta = 45° + \frac{\varphi}{2} \tag{3-10}$$

因此,L_{AB} 的长度可表示为:

$$L_{AB} = h_0 \cot\left(45° + \frac{\varphi}{2}\right) \tag{3-11}$$

将 h_0 代入式(3-11),可得:

$$L_{AB} = \frac{2\tau_0}{\rho g}$$

因此,可求得散体拱的跨度:

$$2b_1 = L_0 + L_{AB} = L_0 + \frac{2\tau_0}{\rho g} \tag{3-12}$$

3.4.3.2 "散体拱"高度的计算

（1）计算依据

普氏压力拱是通过散体坍落试验得出的[90],后来普氏又将理想散体试验的研究成果推广到岩体上,认为被许多裂隙切割的岩体也可以视为具有一定凝聚力的松散体,同时为了分析岩石拱效应,普氏定义了一个岩石坚固性系数 f_k,并认为坚固性系数为岩石抗压强度(σ_c)的 1/10,即 $f_k = \sigma_c/10$,为了计算方便普氏把 f_k 表示成另一种形式[91]:

$$f_k = \tan\varphi' \tag{3-13}$$

式中,φ' 为似内摩擦角;$\tan\varphi'$ 为似内摩擦系数。之所以加上"似"字,表示该式实际上不是岩石真正的内摩擦角或内摩擦系数,因为:

$$f_k = \tan\varphi' = \frac{\sigma_c}{10} = \frac{1}{10}\frac{2C\cos\varphi}{(1-\sin\varphi)} \tag{3-14}$$

式中 　C——黏结力,kN;

　　　　φ——真内摩擦角,(°)。

可见似内摩擦角 φ' 中,不仅含有 φ,而且包含黏结力 C,所以式(3-13)的实质是把实际有 C,φ 的岩体,简化为只有似内摩擦角 φ' 的理想松散体,而散体的似内摩擦角可以由现场矸石自由堆积试验求得。根据散体力学的观点:若散体与支承平面之间的摩擦系数足够大,则可以认为散体自由表面与水平面的坡角即为散体内摩擦角[83],也就是上述的似内摩擦角。

直接顶经过割煤移架阶段与放煤阶段的采动影响之后,已经破碎成为近似理想散体。因此,采用普氏压力拱理论研究垮落直接顶的成拱效应是合适的。

（2）直接顶"散体拱"高度的计算

为了分析计算方便取平衡拱之半,如图 3-21 所示。设拱顶作用均匀分布的直接顶散体矸石铅直自重应力 σ_z,右半拱传来水平推力为 T,拱脚 A 点水平反力为 F,铅直反力为 V。设此拱在 T,$\sigma_z b_1$,V 和 F 四力作用下,对 A 点取力矩,据静力平衡条件写出[92]:

$$h_1 = \frac{\sigma_z b_1^2}{2T} \tag{3-15}$$

平衡时 A 点的反力 $F = T$,$V = \sigma_z b_1$。把 F 视为由 V 产生的摩擦阻力,并依据普氏压力拱理论引用一个特有的强度指标 f_k(坚固性系数)来代替散体的内摩擦系数[见式(3-13)]。因此:

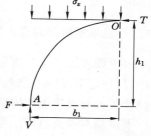

图 3-21　平衡拱受力情况

$$F = V f_k = \sigma_z b_1 f_k \tag{3-16}$$

为使拱圈有足够稳定性,使 $F > T$,取安全系数为 2,即:

$$\frac{F}{T} = \frac{\sigma_z b_1 f_k}{T} = 2$$

$$T = \frac{1}{2} \sigma_z b_1 f_k \tag{3-17}$$

将 T 代入式(3-15)得:

$$h_1 = \frac{b_1}{f_k} \tag{3-18}$$

式中　　h_1——拱的高度,m;

　　　　b_1——拱跨度的一半,m;

　　　　f_k——直接顶坚固性系数。

则不规则垮落带高度为:

$$h_b = h_1 + M_F \tag{3-19}$$

式中　　h_b——不规则垮落带高度,m;

　　　　M_F——下煤层厚度,m。

规则垮落带高度为:

$$h_g = H_m - h_b \tag{3-20}$$

式中　　h_g——规则垮落带高度,m;

　　　　H_m——垮落带最大高度,m。

垮落带最大高度 H_m 可通过现场观测或对类似条件观测结果的统计回归分析求得。如公式(3-21)是兖矿集团兴隆庄煤矿在大量"两带"观测基础上提出的综放条件下垮落带高度计算公式,济三煤矿 3_F 煤条件下利用式(3-21)计算所得垮落带高度与现场实测结果具有较好的一致性。因此,在此采用公式(3-21)对济三煤矿 3_F 煤垮落带高度进行计算:

$$H_k = \frac{100 \sum M}{2.13 \sum M + 15.93} \pm 2.72 \tag{3-21}$$

式中　　$\sum M$——累计采厚(等于煤层厚度减去煤层损失厚度),m。

通过以上分析和计算公式,可计算确定直接顶垮落后的不规则垮落带和规则垮落带分布高度,从而掌握直接顶垮落后垮落带的分布状况。

3.5　放顶煤条件下基本顶活动对其上覆煤岩的影响

3.5.1　基本顶活动对直接顶散体拱结构的影响

由于放顶煤开采一次采出煤层厚度的增大,上覆岩层活动空间显著加大,在直接顶厚度较小时,一定厚度的下位基本顶会失稳垮落转化为垮落带的一部分[93],一定厚度的基本顶失稳垮落可对直接顶散体拱结构产生冲击影响,同时使该层基本顶形成悬臂梁结构。

下位基本顶失稳垮落可使直接顶散体拱承受剪应力,由于直接顶散体拱是由一些碎块岩体相互挤压而形成的,当其所受剪应力大于碎块间的剪应力时,即可造成结构的失稳。并由此促使直接顶散体拱结构失稳范围的增加。综放开采时,下位基本顶的状态及其运动状况,可以通过对图 3-22 的分析来说明[94]。

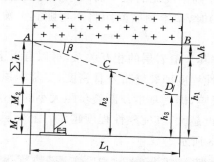

图 3-22　围岩空间及下位基本顶岩层运动关系示意图

L_1——下位基本顶岩块的长度,m;β——下位基本顶岩块的回转角度,(°);

M_1——机采高度,m;M_2——顶煤厚度,m;$\sum h$——直接顶厚度,m;

h_1——垮落直接顶高度,m;h_2——直接顶散体拱的高度,m;

h_3——下位基本顶失稳岩块尾端最终高度,m;Δh——下位基本顶失稳垮落空间,m

根据下位基本顶失稳岩块垮落空间的大小,下位基本顶失稳垮落产生的冲击动载荷一般存在两种情况:

(1) 当下位基本顶岩块垮落空间很小或与规则垮落带岩块接触时,则下位基本顶失稳岩块造成的冲击能量被规则垮落岩层吸收,转变为静载荷。即:

$$F = \sum_{i=1}^{n} K_{2i} x_{2i} \tag{3-22}$$

式中　x_{2i}——规则垮落带弹性压缩量,m。

(2) 下位基本顶垮落空间较大时,即:

$$h_3 < \frac{h_1 + h_2}{K_p - 1} - h_1 - h_2 \tag{3-23}$$

则下位岩层拱上方规则垮落带上界面与上位岩层下界面之间间隙为:

$$\Delta h = h_1 + h_2 - h_3 (K_p - 1) \tag{3-24}$$

式中　h_3——直接顶厚度,m;

K_p——直接顶岩层碎胀系数。

由 Δh 可求算出上位岩层下部失稳岩块冲击时接触速度。

下位基本顶失稳造成的冲击载荷将通过其下部的规则垮落带传递至直接顶散体拱,在冲击载荷传递的过程中,散体拱上方的规则垮落带只能吸收小部分载荷转化为静载荷,大部分的冲击载荷将传递至散体拱结构上,从而造成散体拱的失稳破坏,并使直接顶散体拱结构失稳范围增加。

3.5.2　基本顶活动对上煤层完整性的影响

相似模拟实验以及相关研究成果表明,基本顶岩层作为局部关键层[95]与其上覆岩层构成相互影响关系。一方面,上覆岩层移动的过程受控于作为局部关键层的基本顶的破断运动,也即是当基本顶破断时,它所控制的上覆岩层组与之同步破断运动;另一方面,基本顶上部覆岩与其本身的刚度比对基本顶的破断步距具有影响。相关研究表明,在一定刚度比变化范围内,基本顶岩层破断距随刚度比的减小而减小,但是,当上覆岩层刚度小到一定程度(一般为基本顶刚度的1/20)时,基本顶破断距将不再随其上覆岩层刚度的变化而变化,即趋于一个稳定值。

结合上述有关基本顶与其上覆岩层的相互关系,可以有以下认识:上煤层作为基本顶之上覆岩中的一部分,其完整性程度即裂缝带发育密度,受基本顶岩层本身刚度以及位于其上部覆岩的综合刚度的共同影响,即受基本顶断裂步距大小的影响。显然,基本顶断裂步距越小,上煤层的裂缝带发育密度越大,其完整性程度越差。上煤层完整性程度与基本顶破断步距关系的实验结果如图 3-23 所示。

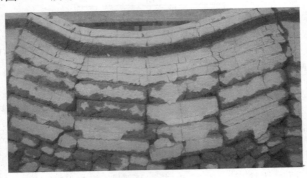

图 3-23　基本顶破断对上煤层完整性的影响

从图 3-23 可以看出,上煤层的断裂区位置是与其下基本顶的断裂线位置相对应的,上煤层在与基本顶断裂线相对应的位置形成断裂破碎区,该区域也是容易发生台阶错动的区域,而在两端破碎区之间的煤层则具有很好的完整性。这与在现场回采巷道中实测得到的煤体具有周期性断裂破碎带的实际是一致的。因此,下层煤开采中基本顶的周期性破断是导致上煤层产生周期性破坏的原因,在上煤层上行开采中,控制断裂破碎带区域煤岩体的稳定性是确保上行开采安全顺利进行的关键。

3.6　本章小结

(1)不同层间岩性构成的实验结果的分析表明,层间岩性结构呈软—硬—软分布时,上煤层连续性好,没有台阶错动现象发生,有利于上行开采,而当层间岩性结构呈硬—软—硬分布时,坚硬岩层的破断失稳会造成上层煤产生波峰或突垒现象,甚至会产生台阶错动,因而不利于上行开采。因此,层间岩性构成是影响上行开采的重要因素,也是判断是否有利于上行开采的关键。

(2)煤层厚度和层间距影响上行开采覆岩垮冒的分析结果表明,当相对软弱的直接顶垮落不能充填采空区时,一定厚度的坚硬岩层将垮落弥补采空区的充填不足,从而使得采场覆岩在较高位置形成稳定的平衡结构。分析结果也表明,上覆坚硬岩层的失稳错动是导致覆岩台阶错动的主要原因。

(3)物理相似模拟实验结果表明,放顶煤开采的放煤工艺使得直接顶垮落具有较为明显的渐进流动性,从而易形成散体拱结构。理论分析认为,上位直接顶形成"散体拱"结构的力学条件是,垮落过程中以散体状态出现的直接顶岩块在渐进流动过程中的某一时刻由上位直接顶周边作用的垂直剪切力与上方垮落的岩体重力之间形成的应力平衡。

(4)"散体拱"结构影响其上位直接顶的垮冒形式和分布形态,是影响直接顶垮冒后是否呈规则垮落分布的关键因素,即"散体拱"结构是不规则垮落带和规则垮落带的分界线。而后者则是在放顶煤条件下,判断是否具有上行开采可行性的重要条件。

通过理论分析对不规则垮落带分布的高度进行了研究,研究认为不规则垮落带分布高度与下煤层的厚度、直接顶岩块的坚固性系数和"散体拱"结构本身的跨度相关,即:

$$h_{\mathrm{b}} = \frac{b_1}{f_{\mathrm{k}}} + M_{\mathrm{F}}$$

(5)上煤层作为覆岩的一部分,其完整性程度即裂缝带发育密度,受其下位基本顶岩层本身刚度影响,即受基本顶断裂步距大小的影响。基本顶断裂步距越小,上煤层的裂缝带发育密度越大,其完整性程度越差。

上煤层的断裂区位置是与其下基本顶的断裂线位置相对应的,上煤层在与基本顶断裂线相对应的位置形成断裂破碎区,该区域也是容易发生台阶错动的区域,而在两端破碎区之间的煤层则具有很好的完整性。这与在现场回采巷道中实测得到的煤体具有周期性断裂破碎带的实际是一致的。因此,下层煤开采中基本顶的周期性破断是导致上煤层产生周期性破坏的原因,在上煤层开采中,控制断裂破碎带区域煤岩体的稳定性是确保上行开采安全顺利进行的关键。

4 放顶煤工艺条件下层间岩性对上行开采影响机理的数值计算研究

4.1 引　言

　　国内外煤层群上行开采的实践表明,当上行开采煤层位于裂缝带及以上时,煤层将不会产生台阶错动,而保持连续性,对煤层的采掘不会产生影响,适合上行开采[96,97]。影响上行开采的主要因素是煤层间距和下煤层的开采高度,因此,传统的上行开采理论将其比值即采动影响倍数 K 作为衡量能否上行开采的重要指标。一般情况下,上行开采的采动影响倍数 K 值大于 7.5。由于煤层赋存条件的复杂性和多样性,煤层群间距和岩性条件变化较大。当前,在我国有些矿区煤层群上行开采中,属于近距离煤层的上行开采,采动影响倍数 K 值均小于理论的许可值,也顺利实现了上行开采,如平顶山四矿的己组煤近距离煤层群上行开采[98]。济宁三号煤矿放顶煤工艺下的上行开采,按照上行开采常规理论计算,其采动影响倍数 K 值同样小于理论的许可值。事实上,根据对放顶煤开采的研究结果,煤层一次开采高度增大后,加大了顶板岩层的垮落带与裂缝带高度,垮落带呈不规则垮落和规则垮落分布[99-102]。根据上行开采的围岩平衡理论,破断岩层能保持相对平衡而且不产生台阶下沉是实现上行开采的基本条件。因此,在放顶煤工艺下,根据岩层垮落带分布特征,上煤层若处于规则垮落带内,则是实现上行开采的临界条件。由于岩层的垮落与分布状态除与煤层厚度和层间距有关外,还与层间岩性以及不同岩性岩层的分布状态有关[103,104],因此,分析层间岩性及其分布状态对开采后顶板垮落带分布及围岩平衡区的影响,对于分析掌握放顶煤工艺下上行开采的机理具有重要的意义。

4.2 数值计算方案

4.2.1 研究目的和内容

4.2.1.1 研究目的

　　通过研究,掌握层间岩性及其分布状况对覆岩垮落带及裂缝带岩层的影响规律,进而分析掌握放顶煤条件下上行开采的机理,为分析判断放顶煤条件下能否上行开采提供依据。

4.2.1.2 研究内容

　　根据研究目的,结合济三煤矿的煤层赋存条件,主要开展以下内容的研究:

　　(1) 层间岩性为软岩层结构对 $3_上$ 煤层破坏的影响;

（2）层间岩性为硬岩层结构对 $3_上$ 煤层破坏的影响；

（3）层间岩性呈上软下硬结构对 $3_上$ 煤层破坏的影响；

（4）层间岩性呈上硬下软结构对 $3_上$ 煤层破坏的影响。

4.2.2　数值计算模型建立

采用 UDEC3.10 数值计算软件进行分析计算。UDEC 是一种基于连续体模拟离散单元的二维数值计算程序，主要模拟静载或动载条件下非连续介质（如节理块体）的力学行为特征，非连续介质是通过离散块体的组合来反映的，节理被当作块体间的边界条件来处理，允许块体沿节理面运动及回转。单个块体可以表现为刚体也可以表现为可变形体。可变形体再被细化为有限差分元素网格，每个元素的力学特性遵循规定的线性或非线性力—位移关系。对于不连续的节理以及完整的块体，UDEC 都有丰富的材料特性模型，从而允许模拟不连续的地质或相近材料的力学行为特征。UDEC 是目前岩土和采矿工程领域使用最为广泛的离散元模拟软件[105-112]。

4.2.2.1　计算模型及模拟参数确定

以兖矿集团公司济三矿 $43_下03$ 工作面的地质及开采条件为依据建立分析计算模型。模型范围取 250 m×65.7 m。其中，模拟工作面开采的走向长度为 150 m，对应模型中的横轴位置从 50 m 到 200 m。考虑边界效应，两边各留 50 m 煤柱。$3_下$ 煤层厚度为 6.0 m，考虑放顶煤的采出率，$3_下$ 煤层的实际采出厚度为 5.0 m。岩层节理[113-116]的划分方式，根据各方案的岩层结构及岩性确定。

模型采用平面应变模型，模型中岩块设为均匀弹性体，节理变形破坏准则遵循库仑—莫尔准则[117]。计算模型的岩层柱状及岩性力学参数[118]如表 4-1 和表 4-2 所示。

表 4-1　　　　　　　　　　　　　　计算的煤岩层力学参数

岩层性质	密度 $\rho/(kg/m^3)$	体积模量 K/GPa	剪切模量 G/GPa
中砂岩	2.60	15.4	16.8
细砂岩	2.65	13.2	13.4
粉砂岩	2.75	11.6	11.0
煤	1.40	9.0	3.8
泥岩	2.50	11.1	8.3

表 4-2　　　　　　　　　　　　　　计算的煤岩层节理面力学参数

岩层性质	法向刚度 k_{jn} /GPa	切向刚度 k_{js} /GPa	黏结力 C_j /MPa	摩擦角 φ_j /(°)	抗拉强度 σ_{jt} /MPa
中砂岩	20	5	0	6	0
细砂岩	16	4	0	8	0
粉砂岩	14	3	0	10	0
煤	10	8	0	15	0
泥岩	12	6	0	12	0

4.2.2.2 边界条件确定

根据计算模型的实际赋存条件,计算模型的边界条件如下:

(1) 上部边界条件:与上覆岩层的自重所产生的应力($\sum \gamma h$)有关。在计算中模拟模型之上 540.5 m 覆岩深度。为了研究的方便,模型上边界载荷的分布形式简化为均布载荷,上部边界条件为应力边界条件,即:

$$q = \sum \gamma h = 13.5 \text{(MPa)}$$

(2) 下部边界条件:本模型的下部边界条件为底板,简化为位移边界条件,在 x 方向可以运动,y 方向为固定铰支座,即 $v=0$。

(3) 两侧边界条件:本模型的两侧边界条件均为实体煤岩体,简化为位移边界条件,在 y 方向可以运动,x 方向为固定铰支座,即 $u=0$。

4.2.3 计算方案与运算过程

4.2.3.1 计算方案

根据济三矿的煤层赋存条件,计算模型中确定 $3_下$ 煤与 $3_上$ 煤的层间距为 36 m。考虑 $3_下$ 煤层和 $3_上$ 煤层之间不同岩性构成对上行开采的影响,改变 $3_下$ 煤层至 $3_上$ 煤层之间岩层岩性构成,建立了四类方案:第一类,层间全软岩构成;第二类,层间全硬岩构成;第三类,层间岩层下硬上软构成,其中各方案中的硬岩厚度比是指下部硬岩厚度与层间距之比;第四类,层间岩层下软上硬构成,其中各方案中的软岩厚度比是指下部软岩厚度与层间距之比。在此基础上,对四类方案进行进一步细化分类。提出了四类八种方案,如表 4-3 所示。

表 4-3   数值计算方案

方案序号	方 案 内 容
1	全软岩
2	全硬岩
3	上软下硬,硬岩厚度与层间距比:1:3
4	上软下硬,硬岩厚度与层间距比:1:2
5	上软下硬,硬岩厚度与层间距比:2:3
6	上硬下软,软岩厚度与层间距比:1:3
7	上硬下软,软岩厚度与层间距比:1:2
8	上硬下软,软岩厚度与层间距比:2:3

岩层的软硬主要体现为破碎垮落时形成的岩块大小不同。为分析岩性对覆岩垮落的影响,在节理划分时,确定硬岩的岩块尺寸最大 12 m,软岩岩块尺寸最大 2 m。

4.2.3.2 开挖过程的模拟

数值计算分析中开挖一般分为一次开挖、分步开挖和充填开挖,而多数的岩石工程不是一次开挖完成的,而是多次开挖完成的,由于岩石材料的非线性,其受力后的应力状态具有加载途径性,因此前面的每次开挖都对后面的开挖产生影响,施工顺序不同,开挖步骤不同,都有各自不同的最终力学效应,也即有不同的岩石工程稳定性状态。本模型根据煤炭开采的实际过程,采用分步开挖。

4.2.3.3 模拟步骤

（1）模型原岩应力平衡计算；

（2）分步开挖工作面,模型应力平衡计算；

（3）数据的提取与后处理。

4.2.3.4 测线与测点布置

根据研究目的,在模型 $3_上$ 煤层布置一条测线,监测线沿煤层走向布控范围 0～250 m。

模拟过程中,通过不同的开挖进度和运算时步,模拟实际开采影响的时间过程,以分析 $3_下$ 煤层开采过程中岩层位移的演化过程。

4.3 层间不同岩性条件下岩层的垮落特征

4.3.1 全软岩间隔层结构岩层的垮落特征

（1）模型概况

两层煤之间为全软岩结构时岩层柱状特征如表 4-4 所示。方案一模型有如下特点：$3_下$ 煤层与 $3_上$ 煤层之间间距为 36 m。模型节理划分如图 4-1 所示。

表 4-4　　　　　　　　　　　　　　岩层柱状特征

岩　性	厚度/m	岩　性	厚度/m
粉细砂岩互层	8.0	$3_下$ 煤层	6.0
泥岩	2.0	泥岩	2.0
$3_上$ 煤层	1.7	粉砂岩	10.0
泥岩	36.0		

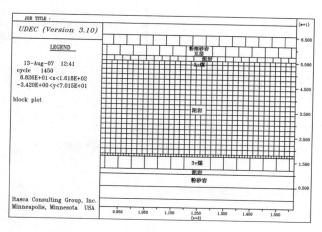

图 4-1　全软岩间隔层结构模型示意图

（2）模拟结果分析

当两层煤之间为全软岩岩性构成时,3下煤层顶板的下位岩层随采随垮。随着下位岩层的垮冒,垮冒后的碎胀岩块充填采空区,随着充填高度的增大,上位岩层的垮冒空间逐渐减小,致使上位部分岩层成为规则垮落带和裂缝带。因此,在这种全软岩岩性构成条件下,上煤层位于上位岩层形成的规则垮落带或裂缝带内,加之软岩岩性较强的塑性变形能力,因而保证了上煤层良好的连续性,不会产生台阶错动。层间为全软岩构成时的覆岩垮冒过程,如图 4-2 所示。

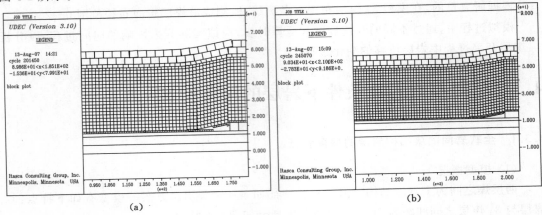

(a)   (b)

图 4-2   3下煤层覆岩随开采变形破坏情况

图 4-3 为 3下煤层采过后,3上煤层垂直和水平方向发生变形的情况。由图 4-3 可见,在采空区,3上煤层经破坏和恢复后,最大垂直位移5.0 m,未出现台阶错动现象,最大水平位移0.295 m,因此,当两层煤之间为全软岩时,是适合上行开采的岩性结构条件。

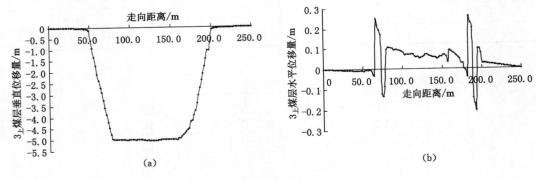

(a)   (b)

图 4-3   3上煤层位移曲线图

(a)3上煤层垂直位移曲线图;(b)3上煤层水平位移曲线图

4.3.2   全硬岩间隔层结构岩层的垮落特征

(1)模型概况

岩层柱状特征如表4-5所示。模型节理划分如图4-4所示。

表 4-5　　　　　　　　　　　　　　　**岩层柱状特征**

岩　性	厚度/m	岩　性	厚度/m
粉细砂岩互层	8.0	3下煤层	6.0
泥岩	2.0	泥岩	2.0
3上煤层	1.7	粉砂岩	10.0
中细砂岩互层	36.0		

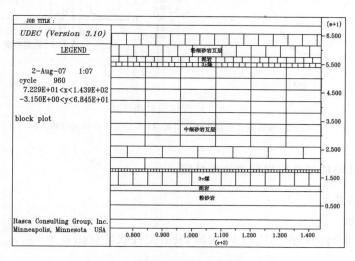

图 4-4　全硬岩间隔层结构模型示意图

（2）模拟结果分析

当 3下煤层顶板全为硬岩岩性构成时，岩层断裂块度较大，3下煤层回采后，间隔层下部岩层产生错动，有滑落失稳的趋势，间隔层上部岩块间相互咬合，形成砌体梁式结构。间隔层上位岩层的失稳表现为岩块的回转失稳，基本不产生滑落错距，垮落之后排列较为整齐，如图 4-5 所示。间隔层的失稳形式保证了 3上煤层的连续变形，不产生层间错动。

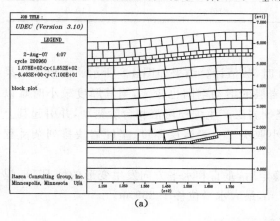

（a）

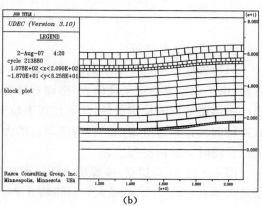

（b）

图 4-5　3下煤层覆岩随开采破断变形状况

图 4-6 为 $3_上$ 煤层受 $3_下$ 煤层采动的影响,垂直和水平方向发生变形的情况,$3_上$ 煤层最大垂直位移 5.09 m,最大水平位移 0.37 m,未出现台阶错动现象,由此可见,层间岩层为全硬岩结构也是有利于上行开采的岩性结构条件。

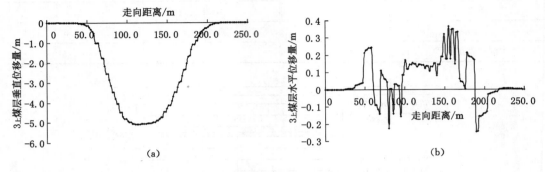

图 4-6　$3_上$ 煤层位移曲线图

（a）$3_上$ 煤层垂直位移曲线图；（b）$3_上$ 煤层水平位移曲线图

4.3.3　上软下硬间隔层结构岩层的垮落特征

4.3.3.1　硬岩厚度比 1：3

（1）模型概况

当硬岩层厚度与层间距的比为 1：3 时,其岩层柱状特征如表 4-6 所示。节理划分方式如图 4-7 所示。

表 4-6　　　　　　　　　　　　　　　岩层柱状特征

岩　性	厚度/m	岩　性	厚度/m
粉细砂岩互层	8.0	中细砂岩互层	12.0
泥岩	2.0	$3_下$ 煤层	6.0
$3_上$ 煤层	1.7	泥岩	2.0
泥岩	24.0	粉砂岩	10.0

（2）模拟结果分析

当硬岩层厚度占整个层间厚度比为 1：3 时,数值计算结果如图 4-8 所示。由模拟结果可知,由于放顶煤一次采高较大,坚硬直接顶岩层的活动空间也较大,当其厚度较小时难以形成砌体梁结构的稳定条件,从而使得下位坚硬岩层产生失稳垮落和台阶错动,并引起其上软岩层的失稳和台阶错动。台阶错动量的大小取决于失稳岩层厚度、坚硬岩块排列杂乱程度以及随时间的恢复程度。

图 4-9 为 $3_上$ 煤层受 $3_下$ 煤层采动的影响稳定后,垂直和水平方向发生变形的情况,$3_上$ 煤层最大垂直位移 5.0 m,最大台阶错动 3.242 m,最大水平位移 1.259 m。

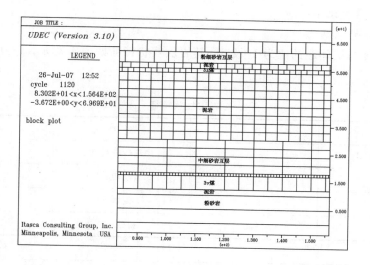

图 4-7　上软下硬间隔层硬岩厚度比 1∶3 模型示意图

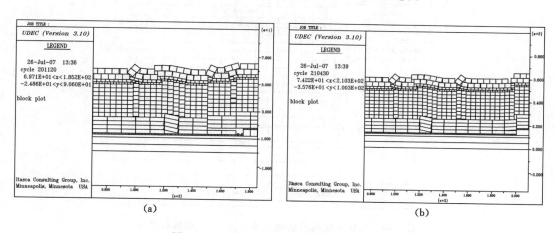

图 4-8　3下煤层覆岩随开采破断变形状况

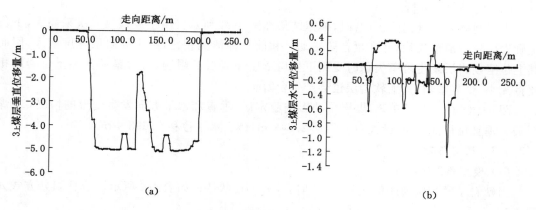

图 4-9　3上煤层位移曲线图

（a）3上煤层垂直位移曲线图；（b）3上煤层水平位移曲线图

4.3.3.2　硬岩厚度比 1∶2

(1) 模型概况

当硬岩厚度与层间距的比为 1∶2 时,其岩层柱状特征如表 4-7 所示。节理划分方式如图 4-10 所示。

表 4-7　　　　　　　　　　　　岩层柱状特征

岩　性	厚度/m	岩　性	厚度/m
粉细砂岩互层	8.0	中细砂岩互层	18.0
泥岩	2.0	3下煤层	6.0
3上煤层	1.7	泥岩	2.0
泥岩	18.0	粉砂岩	10.0

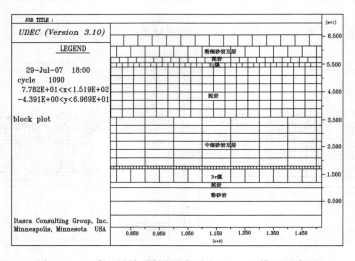

图 4-10　上软下硬间隔层硬岩厚度比 1∶2 模型示意图

(2) 模拟结果分析

当层间硬岩厚度比为 1∶2 时,模拟结果如图 4-11 所示。由于放顶煤一次采高大,下位坚硬岩层发生滑落失稳,并产生台阶错动。和前一种情况相比,由于硬岩层厚度变大,因而其上位坚硬岩层发生滑落失稳时受到下位垮落坚硬岩层的限制,台阶错动量和下位岩层相比将减小,受其影响,其上软岩层也会产生台阶错动。

图 4-12 为 3上煤层在 3下煤层采动影响稳定后,垂直和水平方向发生变形的情况,3上煤层最大垂直位移 5.0 m,最大台阶错动 2.842 m,最大水平位移 0.693 9 m。

4.3.3.3　硬岩厚度比 2∶3

(1) 模型概况

当硬岩厚度与层间距的比为 2∶3 时,其岩层柱状特征如表 4-8 所示。节理划分方式如图 4-13 所示。

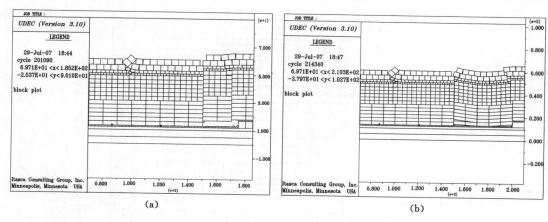

(a)　　　　　　　　　　　　　　(b)

图 4-11　$3_下$煤层覆岩随开采破断变形状况

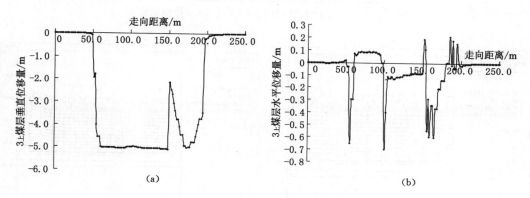

(a)　　　　　　　　　　　　　　(b)

图 4-12　$3_上$煤层位移曲线图

（a）$3_上$煤层垂直位移曲线图；（b）$3_上$煤层水平位移曲线图

表 4-8　　　　　　　　　　　　　　　岩层柱状特征

岩　性	厚度/m	岩　性	厚度/m
粉细砂岩互层	8.0	中细砂岩互层	24.0
泥岩	2.0	$3_下$煤层	6.0
$3_上$煤层	1.7	泥岩	2.0
泥岩	12.0	粉砂岩	10.0

（2）模拟结果分析

　　当硬岩层占整个层间厚度比为 2：3 时，模拟结果如图 4-14 所示。由模拟结果可知，在煤层厚度以及层间距不变的条件下，随着坚硬岩层厚度所占比例的进一步增大，坚硬岩层失稳所产生的台阶下沉量减小。在该条件下，最大台阶错动量为 0.8 m。说明坚硬岩层厚度增大后，垮落充填采空区的岩层厚度增大，从而为上位坚硬岩层形成较为稳定的结构提供了良好的空间条件。因此，当下煤层之上赋存有较厚的坚硬岩层时，其上位岩层可形成结构，其稳定性程度或其产生滑落失稳的台阶错动程度，取决于其下位岩层垮落后充填采空区的程度。因此，当坚硬岩层厚度增大时，产生的台阶错动量减小，向着有利于上行开采的方面转化。

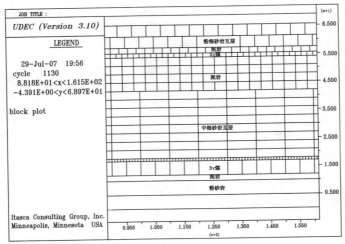

图 4-13　上软下硬间隔层硬岩厚度比 2∶3 模型示意图

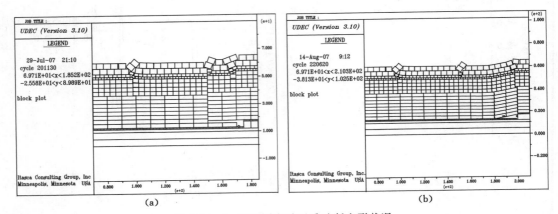

(a)　　　　　　　　　　　　(b)

图 4-14　3下煤层覆岩随开采破断变形状况

图 4-15 为 3上煤层受 3下煤层采动的影响稳定后,垂直和水平方向发生变形的情况,3上煤层最大垂直位移 5.0 m,最大台阶错动 0.8 m,最大水平位移 0.541 m。

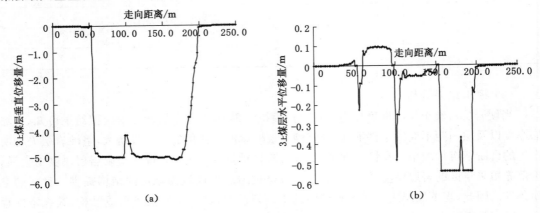

(a)　　　　　　　　　　　　(b)

图 4-15　3上煤层位移曲线图

(a) 3上煤层垂直位移曲线图;(b) 3上煤层水平位移曲线图

4.3.4　上硬下软岩间隔层结构岩层的垮落特征

4.3.4.1　软岩厚度比1∶3

（1）模型概况

当软岩厚度与层间距的比为1∶3时,岩层柱状特征如表4-9所示。节理划分方式如图4-16所示。

表4-9　　　　　　　　　　　　岩层柱状特征

岩　性	厚度/m	岩　性	厚度/m
粉细砂岩互层	8.0	泥岩	12.0
泥岩	2.0	3下煤层	6.0
3上煤层	1.7	泥岩	2.0
中细砂岩互层	24.0	粉砂岩	10.0

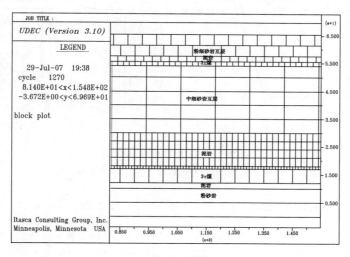

图4-16　上硬下软间隔层软岩厚度比1∶3模型示意图

（2）模拟结果分析

当软弱岩层厚度占层间距比例为1∶3时,由于下位软岩厚度较小,垮落碎胀后的下位软岩不能完全充填采空区,从而使断裂的上位坚硬岩层岩块有较大的活动空间,进而导致上位坚硬岩层岩块滑落失稳。由于上位坚硬岩层滑落失稳产生竖向位移,从而引起3上煤层产生台阶错动。由于软弱岩层岩块比较容易密合和恢复,因此,随着采空区垮落覆岩的逐渐压实,产生的错动台阶也会有不同程度的恢复变小,同时使上位坚硬岩层岩块产生较大空间的恢复调整。该条件下顶板岩层的变形破坏及恢复情况如图4-17所示。

图4-18为3上煤层受3下煤层采动的影响稳定后,垂直和水平方向发生变形的情况,3上煤层最大垂直位移5.0 m,最大台阶错动1.7 m,最大水平位移1.208 m。

4.3.4.2　软岩厚度比1∶2

（1）模型概况

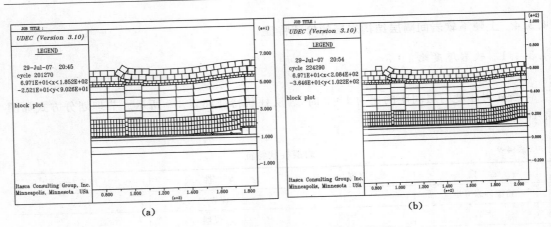

图 4-17　3$_下$煤层覆岩随开采破断变形状况

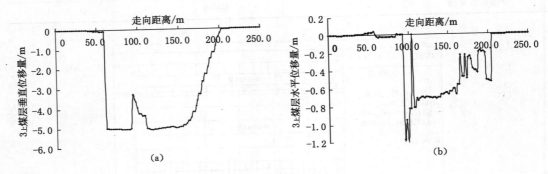

图 4-18　3$_上$煤层位移曲线图

(a) 3$_上$煤层垂直位移曲线图；(b) 3$_上$煤层水平位移曲线图

当软岩厚度与层间距的比为 1：2 时，岩层柱状特征如表 4-10 所示。节理划分方式如图 4-19 所示。

表 4-10　　　　　　　　　　　　　　**岩层柱状特征**

岩　性	厚度/m	岩　性	厚度/m
粉细砂岩互层	8.0	泥岩	18.0
泥岩	2.0	3$_下$煤层	6.0
3$_上$煤层	1.7	泥岩	2.0
中细砂岩互层	18.0	粉砂岩	10.0

（2）模拟结果分析

当软弱岩层厚度占层间距比例为 1：2 时，尽管相对于上一方案软弱岩层厚度有所增加，但是垮冒之后的软弱岩层仍然不能完全充满整个采空区，从而给断裂的上位坚硬岩层岩块留下足以达到滑落失稳的空间。相对于上一方案其坚硬岩层岩块竖向位移量无论是绝对值还是相对值均相对较小，因而在包括 3$_上$煤层在内的上覆软弱岩层中产生的台阶错动量也相对较小，另外由于垮冒的下位软弱岩层岩块比较容易密合和恢复，随着时间的推移台阶错动量进一步降低。相关变形破坏和恢复情况,如图 4-20 所示。

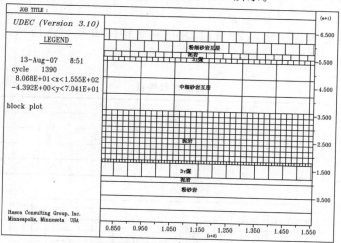

图 4-19　上硬下软间隔层软岩厚度比 1：2 模型示意图

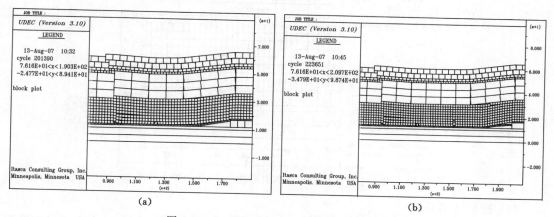

(a)　　　　　　　　　　　　　　(b)

图 4-20　$3_下$煤层覆岩随开采破断变形状况

图 4-21 为 $3_上$煤层受 $3_下$煤层采动的影响稳定后,垂直和水平方向发生变形的情况,$3_上$煤层最大垂直位移 5.0 m,最大台阶错动 1.2 m,最大水平位移 0.598 6 m。

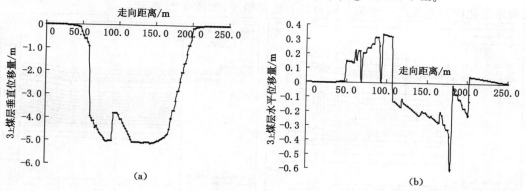

(a)　　　　　　　　　　　　　　(b)

图 4-21　$3_上$煤层位移曲线图

(a) $3_上$煤层垂直位移曲线图;(b) $3_上$煤层水平位移曲线图

4.3.4.3 软岩厚度比 2∶3

(1) 模型概况

当软岩厚度与层间距的比为 2∶3 时,岩层柱状特征如表 4-11 所示。节理划分方式如图 4-22 所示。

表 4-11   **岩层柱状特征**

岩 性	厚度/m	岩 性	厚度/m
粉细砂岩互层	8.0	泥岩	24.0
泥岩	2.0	3下煤层	6.0
3上煤层	1.7	泥岩	2.0
中细砂岩互层	12.0	粉砂岩	10.0

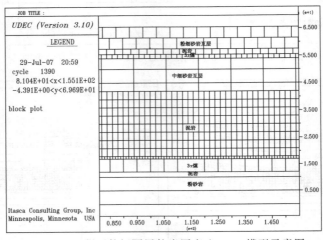

图 4-22   上硬下软间隔层软岩厚度比 2∶3 模型示意图

(2) 模拟结果分析

当软弱岩层厚度占层间距比例达到 2∶3 时,垮冒的下位软弱岩层已基本上可以充满整个采空区,上位坚硬岩层断裂岩块活动空间小,不足以产生失稳,因而基本上不产生台阶错动现象,仅在采空区边界产生幅度较小的台阶错动,这种台阶错动现象是由于采空区边界岩层曲率变化剧烈造成的。相关变形破坏和恢复情况,如图 4-23 所示。

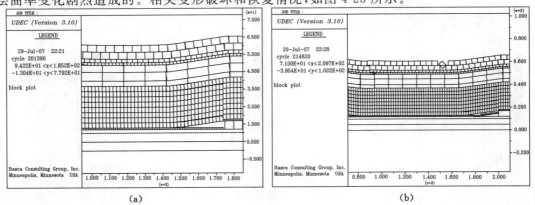

(a)   (b)

图 4-23   3下煤层覆岩随开采破断变形状况

图 4-24 为 $3_上$ 煤层受 $3_下$ 煤层采动的影响稳定后,垂直和水平方向发生变形的情况,$3_上$ 煤层最大垂直位移 5.0 m,最大台阶错动 0.304 m,最大水平位移 0.494 3 m。

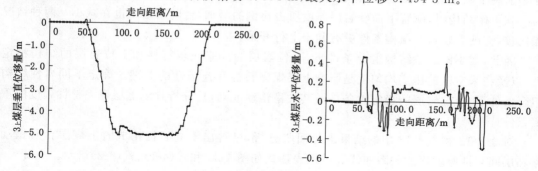

图 4-24　$3_上$煤层位移曲线图

(a) $3_上$煤层垂直位移曲线图;(b) $3_上$煤层水平位移曲线图

4.4　层间岩性结构对上行开采的影响机理

由上述计算分析结果可以看出,煤层群间的岩性结构、厚度及其组合分布情况决定了覆岩的垮冒和失稳特征不同,因而会造成上煤层不同的完整性状况。因此,当上层煤处于垮落带上位的规则垮落带或裂缝带下位时,能否进行上行开采,主要取决于间隔层的岩性结构,以及由此引起的上层煤的破坏情况。

把前面层间岩性分别为坚硬、软弱岩层以及硬软混合型岩层条件下,数值计算所得的上煤层产生的台阶错动量和水平变形量结果汇总为表 4-12 和表 4-13。

表 4-12　　　　　　　　　层间上硬下软岩性构成最大位移统计表

软岩厚度比例	$3_上$煤层最大位移量/m	
	台阶错动位移量	水平位移量
1/3	1.701	1.208
1/2	1.202	0.598 6
2/3	0.304	0.494 3
1/1	0	0.294 9

表 4-13　　　　　　　　　层间上软下硬岩性构成最大位移统计表

硬岩厚度比例	$3_上$煤层最大位移量/m	
	台阶错动位移量	水平位移量
1/3	3.242	1.259
1/2	2.842	0.693 9
2/3	0.801	0.541
1/1	0	0.364 6

由表中可见,层间岩性不同的构成比例对上层煤台阶错动的影响程度不同。在层间岩性为上硬下软结构时,随着下面软岩层厚度所占比例的增加,台阶错动量减小。在层间岩性为上软下硬结构时,随着下面硬岩层厚度所占比例的增加,台阶错动量也在减小。两种情况相比较,上硬下软岩性结构条件更有利于上行开采。

因此,在不同岩性结构组合条件下,下位岩层的碎胀充填特性和上位岩层的结构稳定性,以及在采空区的压实均匀度是影响上层煤完整性和连续性的关键。确定不同岩性结构组合条件下,上位岩层的稳定性条件及其失稳错动准则,是分析判定上层煤完整性程度的重要条件。

对表 4-12 和表 4-13 中的结果进行回归分析,可得出不同岩性构成时上煤层台阶错动量和层间岩性厚度比的关系曲线和关系表达式如图 4-25 和式(4-1)、式(4-2)所示。

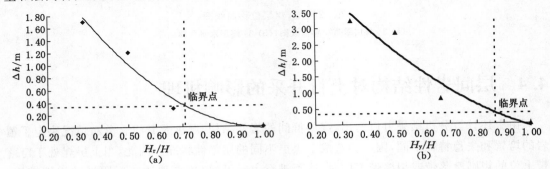

图 4-25 软硬岩相对厚度变化对上层煤台阶错动的影响

(a) 两煤层之间岩层呈上硬下软;(b) 两煤层之间岩层呈上软下硬

$$\Delta h = 3.819\,3 \left(\frac{H_r}{H}\right)^2 - 7.788\,3\,\frac{H_r}{H} + 3.944\,7, R^2 = 0.964\,9 \qquad (4\text{-}1)$$

$$\Delta h = 4.030\,4 \left(\frac{H_y}{H}\right)^2 - 10.685\,\frac{H_y}{H} + 6.579\,6, R^2 = 0.917 \qquad (4\text{-}2)$$

式中 Δh——最大台阶错动量,m;

H_r——软岩厚度,m;

H_y——硬岩厚度,m;

H——两层煤之间的层间距,m;

R——相关系数。

从图 4-25(a)可以看出,随着软岩比例的增加,$3_\pm$煤层产生的最大台阶错动位移和水平位移量均呈递减趋势,这说明在两层煤之间呈上硬下软岩性构成时,层间软岩所占比例与台阶错动量呈反比关系,即以台阶错动量为标准判断上行开采是否可行的上限对应以层间软岩所占比例的下限。图 4-25(b)为当两层煤之间呈上软下硬岩性构成时,随下位硬岩层厚度比增加,$3_\pm$煤层台阶错动量的变化曲线。从图中可以看出,随着硬岩比例的增加,$3_\pm$煤层产生的最大台阶错动位移和水平位移量也均呈递减趋势。

4.5 本章小结

(1) 为了深入分析不同岩性构成对上行开采的影响,改变上、下煤层之间岩层岩性构成,建立了四类方案:层间全软岩构成、层间全硬岩构成、层间岩层下硬上软构成和层间岩层下软上硬构成。在此基础上,进一步细化分类,提出了八种数值计算方案。

(2)数值计算研究了不同岩性结构组合条件下上覆岩层活动对上煤层完整性和连续性的影响。研究得出下位岩层的碎胀充填特性和上位岩层的结构稳定性,以及在采空区的压实均匀度是影响上层煤完整性和连续性的关键。同时确定了不同岩性结构组合条件下,上位岩层的稳定性条件及其失稳错动准则。

(3)通过对覆岩台阶错动量统计结果的回归分析,得出了不同岩性构成时上煤层台阶错动量和层间岩性厚度比的关系式:

$$\Delta h = 3.819\ 3 \left(\frac{H_r}{H}\right)^2 - 7.788\ 3\ \frac{H_r}{H} + 3.944\ 7$$

$$\Delta h = 4.030\ 4 \left(\frac{H_y}{H}\right)^2 - 10.685\ \frac{H_y}{H} + 6.579\ 6$$

5　放顶煤条件下上行开采的条件研究

5.1　引　　言

　　国内外学者对煤层(群)上行开采的条件进行了广泛而深入的研究,从而为煤层(群)上行开采奠定了理论基础。其中具有代表性的成果包括:(1)比值判别条件,即上、下煤层之间的垂距与下煤层采高之比,我国煤矿上行开采的生产实践及研究证明:当下部开采一个煤层时,若上、下煤层之间为坚硬岩层时,采动影响倍数$K=8$;中硬岩层时,采动影响倍数$K=7.5$;软弱岩层时,采动影响倍数$K=7$,一般可以不影响在上煤层内进行正常准备和采煤。当下部开采多个煤层时,当上、下煤层之间为坚硬岩层时,$K_z \geqslant 6.3$;中硬岩层时,$K_z=6.0$;软弱岩层时,$K_z \geqslant 5.5$。(2)"三带"判别条件,即垮落带、裂缝带和弯曲下沉带。"三带"条件认为,当上、下煤层的层间距小于或等于下煤层的垮落带高度时,上煤层的结构将遭到严重破坏,无法进行上行开采。当上、下煤层间距小于或等于裂缝带高度时,上煤层结构只发生中等强度的破坏,采取一定安全措施之后,可正常进行上行开采。当上、下煤层的层间距大于下煤层的裂缝带高度时,上煤层只发生整体移动,结构不受破坏,可正常进行上行开采。(3)围岩平衡判别条件,该判别条件认为,当采场上覆岩层中有坚硬、中硬岩层时,上煤层位于距下煤层最近的平衡岩层之上才可以进行上行开采;当采场上覆岩层均为软岩时,上煤层位于裂缝带内才可以上行开采。

　　上述有关上行开采判断条件的研究成果,主要是针对中厚煤层和薄煤层群(组)或厚煤层分层上行开采条件而得出的。然而,关于在厚煤层放顶煤工艺条件下上行开采的判断条件研究目前还是空白。因此,在总结和借鉴前人有关上行开采条件研究成果的基础上,开展放顶煤条件下上行开采的条件研究,具有重要的理论价值和现实意义。

5.2　放顶煤条件下上行开采的围岩平衡条件

　　基于中厚煤层或厚煤层分层开采而形成的传统的上行开采围岩平衡法,其实质是上部较坚硬岩层的砌体梁结构平衡,满足上行开采要求的层间距条件即围岩平衡高度由两个部分组成,一部分为直接顶的厚度,另一部分为平衡岩层的厚度。

　　然而,在放顶煤开采条件下,由于采高的显著增加,采空区需填充的空间成倍地加大,因而只有更高的垮落带才能满足整个采场岩体的平衡条件。当直接顶厚度较小时,一定厚度的基本顶岩层将失稳垮落作为垮落带的岩块来弥补采空区充填的不足[119],如图5-1所示。从而在更高的层位上的岩体形成围岩平衡结构,即出现覆岩结构向高位转移的问题[120]。

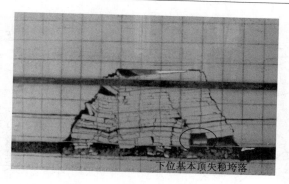

图 5-1　下位基本顶失稳垮落

　　因此,以传统上行开采围岩平衡法研究成果为基础,根据放顶煤开采采场煤岩活动的特点,分析放顶煤条件下上覆岩层结构向高位转移的条件及上覆岩层围岩平衡位置,探讨放顶煤条件直接顶厚度和平衡岩层厚度的确定方法,进而确定放顶煤条件下上行开采的围岩平衡条件。

5.2.1　放顶煤条件下上覆岩层结构向高位转移的条件分析

　　放顶煤开采的特点为[121]:(1)煤层开采厚度大;(2)采空区顶板活动空间大。现场实测与相似模拟实验表明,放顶煤开采使得直接顶与基本顶的活动范围在横向、纵向都较中厚煤层大,横向的增大是由于强度较小的顶煤充当了上位岩层活动的垫层,使得岩层的断裂位置向煤壁深部转移。而在纵向,由于采空区需要充填的空间显著加大,在直接顶厚度较小时,下位一定厚度的基本顶垮落后将作为垮落带范围岩层,从而使得上覆岩层结构向高位转移,进而涉及高位砌体梁结构的稳定性问题[122-124]。

5.2.1.1　放顶煤开采上覆岩层顶板结构失稳分析

　　放顶煤开采的观测表明,由于形成砌体梁结构的基本顶岩层是由若干层坚硬岩层组成,采场同一垂直面上的基本顶下位岩层比上位岩层下沉量大,而且从煤壁前方至采空区沿走向方向同一层面的水平位移与垂直位移大小变化也有所不同。上位岩层的挠曲下沉,必然产生两种运动,一是上位岩层的下沉运动;二是上、下位岩层层面间的挤压变形运动,这两种运动互为条件,相互依存,尽管岩层下沉时有裂隙产生,但在未破坏垮落之前,宏观上仍处于连续状态,有抗压能力和一定的抗剪能力,并发生挤压变形。因此,放顶煤开采上位岩层运动总趋势为:随顶煤的不断放出和需要充填空间的不断加大,基本顶岩层各分层的位移逐渐增大,层面间相互挤压,当挤压变形达到一定程度时,基本顶上位与下位岩层运动呈不同步性,有离层出现,当基本顶回转变形到一定程度时,基本顶下位岩层砌体梁关键块体之间断裂面的挤压,有可能导致结构失稳而使基本顶下位岩层垮落,失稳垮落过程如图 5-2 所示。

　　上位岩层的挠曲下沉,必然产生层面间的挤压变形,挤压面在中曲面的上方或下方,受该层面弯矩大小和方向决定,不可避免在挤压面的另一方将出现张拉面。选择下位基本顶 A 岩块和 B 岩块作为分析对象,在挤压面未产生压裂性失稳前,近似认为挤压面仅产生沿层面的水平运动,如图 5-3 所示,原来的 $ABCD$ 小块被压缩移动于 $A'B'C'D'$,其波及范围随岩层回转角的增大而扩大,即是说随岩层下沉,层面间的挤压是一个“动态”过程,而未发生挤压面失稳前,层面保持连续变形特性。

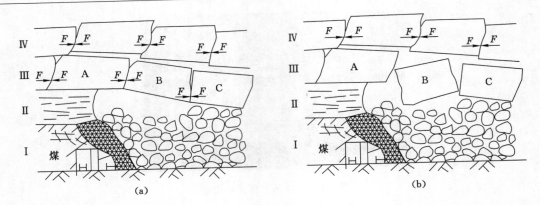

图 5-2　下位基本顶失稳垮落过程

（a）失稳垮落前；（b）失稳垮落中

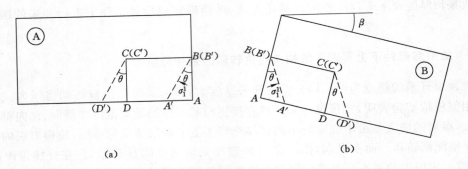

图 5-3　挤压面变形的物理模型

根据层面挤压变形特点，可利用有限变形力学的应力速率法模拟结构面挤压力大小，从而给出结构面稳定性判别式[121]。

（1）滑切失稳

当 B 岩块的水平推力所形成的块间摩擦力小于块间的剪切力时，块间即发生错动失稳，其条件为：

$$Q \geqslant F_{摩} = \sigma_1^1 hf = \left[\left(\frac{1+K}{1-K}\right)^{\frac{1}{4}} + \left(\frac{1+K}{1-K}\right)^{-\frac{1}{4}} - 2\right] G \cdot hf \qquad (K = \sin\theta) \qquad (5\text{-}1)$$

（2）压裂性失稳

当 B 岩块绕 A 点回转超过一定角度，可使结构块之间失去力的联系。其原因大部分是回转时形成的推力大于咬合点的抗挤压强度，即：

$$\sigma_1^1 hf \geqslant \eta \left[\sigma\right]_c$$

$$\left[\left(\frac{1+K}{1-K}\right)^{\frac{1}{4}} + \left(\frac{1+K}{1-K}\right)^{-\frac{1}{4}} - 2\right] Ghf \geqslant \eta \left[\sigma\right]_c \qquad (K = \sin\theta) \qquad (5\text{-}2)$$

$$\sigma_1^1 = \left[\left(\frac{1+K}{1-K}\right)^{\frac{1}{4}} + \left(\frac{1+K}{1-K}\right)^{-\frac{1}{4}} - 2\right] G \qquad (K = \sin\theta) \qquad (5\text{-}3)$$

式中　Q——层面剪切力，MPa；

h——挤压高度，m；

f——层面摩擦系数[125]，一般取 0.3；

G——岩层剪切模量，MPa；

$[\sigma]_c$——岩块抗压强度，MPa；

σ_1^1——挤压应力，MPa；

θ——层面挤压角，(°)；

η——上位岩层压裂时极限强度系数，$\eta=0.3$ 较为合理[126]。

分析断裂面失稳准则，可得出以下两点认识：

(1) 上位岩层的失稳与其岩性及断裂面的挤压角有关，而对于确定的岩层，挤压角是一个综合性判断指标；

(2) 高位岩层的挠曲下沉量大，因而层面挤压角增大，更易于发生压裂性失稳。

5.2.1.2 放顶煤开采上覆岩层结构向上位转移条件分析

取压裂性失稳的极限条件，可得岩层断裂面极限挤压角，即：

$$\left[\left(\frac{1+K}{1-K}\right)^{\frac{1}{4}}+\left(\frac{1+K}{1-K}\right)^{-\frac{1}{4}}-2\right]G=0.3\,[\sigma]_c \qquad (K=\sin\theta) \qquad (5\text{-}4)$$

令 $\dfrac{0.3\,[\sigma]_c}{G}=\lambda$，$\mu=\dfrac{(2+\lambda)-\sqrt{(2+\lambda)^2-4}}{2}$，则：

$$\theta=\arcsin\frac{\mu^4-1}{\mu^4+1} \qquad (5\text{-}5)$$

再分析式(5-5)：

因： $$G=\frac{E}{2(1+\nu)},\ \theta_{max}\propto\frac{[\sigma]_c}{E},\ [\sigma]_c=E[\varepsilon]_{max}$$

故： $$\theta_{max}\propto[\varepsilon]_{max}$$

式中 $[\varepsilon]_{max}$——极限应变量。

说明断裂面的极限挤压角实质是断裂面允许的极限应变量。

由式(5-5)还可见，极限挤压角只与其自身岩性有关，是岩性的客观性质的量，是岩层强度的量度。

断裂面挤压角是由其弯矩引起的，根据功能关系，在断裂面上弯矩 M 引起岩层挠曲，弯矩在岩层回转角 β 上所做的功必然等于挤压面力在挤压角上所做的功，即：

$$M\beta=\sigma_1^1 h\theta\frac{h}{2}=\frac{1}{2}Gh^2\theta\left[\left(\frac{1+K}{1-K}\right)^{\frac{1}{4}}+\left(\frac{1+K}{1-K}\right)^{-\frac{1}{4}}-2\right] \qquad (K=\sin\theta) \qquad (5\text{-}6)$$

为了说明问题，可计算悬臂梁任一断裂面弯矩，即：

$$M=\frac{1}{2}qL^2\cos\beta \quad （考虑回转角影响） \qquad (5\text{-}7)$$

式中 q——单位线载荷密度，kN/m；

L——岩层在断裂面处跨度，m。

将式(5-7)代入式(5-6)有：

$$\frac{1}{2}qL^2\beta\cos\beta=\frac{1}{2}Gh^2\theta\left[\left(\frac{1+K}{1-K}\right)^{\frac{1}{4}}+\left(\frac{1+K}{1-K}\right)^{-\frac{1}{4}}\right] \qquad (5\text{-}8)$$

β 与 $\sin\beta$ 是同阶无穷小量，$\beta\sim\sin\beta$，则：

$$\frac{1}{2}qL^2\sin 2\beta = Gh^2\theta\left[\left(\frac{1+K}{1-K}\right)^{\frac{1}{4}} + \left(\frac{1+K}{1-K}\right)^{-\frac{1}{4}} - 2\right] \quad (5\text{-}9)$$

一般 $0<\beta<\pi/4$，分析式(5-9)知：在煤岩层赋存条件和开采技术条件一定的情况下，回转角 β 与挤压角 θ 呈正比关系，即随回转角 β 增大，挤压角 θ 也增大。挤压角 θ 的增大将导致结构产生压裂性失稳，因此，放顶煤开采，采空区空间加大，岩层回转角增大，导致结构失稳垮落转为垮落带岩层充填采空区，使较高位置的岩层的回转角减小，进而使挤压角较小，从而在较高位置能形成稳定的平衡结构。

5.2.2 放顶煤条件下平衡岩层形成条件

上述分析表明，放顶煤条件下随着煤层开采高度的增大，垮落带范围增大，在中厚煤层开采情况下能形成砌体梁结构的岩层，在放顶煤开采时则可能成为垮落带的一部分，从而使得放顶煤开采上覆岩层结构向高位转移，关键问题是如何判断采场覆岩结构的稳定性。

钱鸣高院士在其砌体梁理论中提出，必须具备以下两个条件采场上覆岩层结构才能保持平衡[127]：

(1) 基本顶岩块的长度应大于层厚的 2 倍，即：

$$l_{i0} > 2h_i \quad (5\text{-}10)$$

(2) 基本顶分层厚度应远大于岩块下沉量，即：

$$h_i \gg s_{i0}$$

基本顶岩块最大下沉量就是其下自由空间高度，于是第(2)个条件可表示为：

$$h_i \gg M - \left[\sum_{i=0}^{i-1}h_i(K_i-1) + \sum h(K_p-1)\right] \quad (5\text{-}11)$$

由于基本顶分层厚度要比其下自由空间高度大得多的量值目前只能以实践经验来确定，因此，文献[128]将式(5-11)进一步量化为：

$$h_i > 1.5\left\{M - \left[\sum_{i=0}^{i-1}h_i(K_i-1) + \sum h(K_p-1)\right]\right\} \quad (5\text{-}12)$$

式中 l_{i0}——第 i 层基本顶悬露岩块长度，m；

h_i——第 i 层基本顶岩层厚度，m；

s_{i0}——第 i 层基本顶悬露岩块下沉量，m；

M——煤层厚度，m；

$\sum h$——直接顶厚度，m；

K_i——基本顶及其上附加岩层的碎胀系数；

K_p——直接顶岩层的碎胀系数。

式(5-12)的意义是基本顶岩层厚度大于其下自由空间高度的 1.5 倍，式(5-10)的意义是基本顶断裂岩块的长度要大于岩块厚度的 2 倍。

因此，在放顶煤条件下，上覆岩层结构向高位转移的过程中只要满足式(5-10)和式(5-12)两个条件，该岩层即为平衡岩层，属于裂缝带范围。

5.2.3 放顶煤条件下围岩平衡高度的确定

放顶煤条件下围岩平衡高度关系到上行开采煤层是否安全可采的问题。上行开采围岩平衡高度包括垮落带直接顶的厚度 $\sum h$ 和裂缝带平衡岩层的厚度 h_{p}。

考虑直接顶垮落后将充填满采空区空间以及顶煤的损失,因此,垮落带直接顶厚度 $\sum h$ 可根据图 5-4 直接顶厚度计算推断图由下式表示[81,129]:

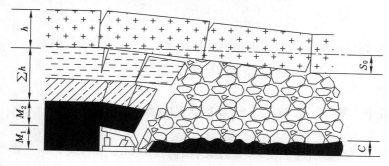

图 5-4　放顶煤采场直接顶厚度推断图

$$\sum h = (M_1 + M_2 - S_0 - C)/(K_{\mathrm{p}} - 1) \tag{5-13}$$

$$S_0 = (0.15 \sim 0.25)M$$

$$M = P(M_1 + M_2)$$

$$C = (1 - P)(M_1 + M_2)K_{\mathrm{m}}$$

式中　$\sum h$——直接顶厚度,m;

$\quad\quad M_1$——机采高度,m;

$\quad\quad M_2$——顶煤厚度,m

$\quad\quad S_0$——基本顶在触矸处的沉降值,m;

$\quad\quad C$——采空区残留浮煤厚,m;

$\quad\quad K_{\mathrm{m}}$——顶煤垮落后的碎胀系数,1.1;

$\quad\quad P$——工作面采出率;

$\quad\quad K_{\mathrm{p}}$——直接顶岩层碎胀系数[1],坚硬岩层,取 K_{p}=1.10~1.15;中硬岩层,取 K_{p}= 1.15~1.20;软弱岩层,取 K_{p}=1.20~1.25。

对于围岩平衡中的平衡岩层的厚度 h_{p},则可按照煤(岩)层柱状图确定。对照岩层柱状图,找标志层,如厚度大于煤层厚度、节理裂隙发育的石灰岩或硬砂岩,在采煤过程中能起平衡岩层作用,其上部的覆岩(或煤层)不发生台阶错动。

根据上述分析计算可以得出放顶煤条件下上行开采围岩平衡高度,即:

$$H_{\mathrm{p}} \geqslant \sum h + h_{\mathrm{p}} = (M_1 + M_2 - S_0 - C)/(K_{\mathrm{p}} - 1) + h_{\mathrm{p}} \tag{5-14}$$

式中　h_{p}——平衡岩层的厚度,m。

5.2.4　放顶煤条件下上行开采围岩平衡条件

综上所述,放顶煤条件下上行开采的围岩平衡条件仍然是采场上覆岩层砌体梁结构的平衡问题。由于放顶煤开采一次采出煤层厚度增大,采空区空间加大,当直接顶垮落不能够充填采空区时,上部基本顶岩层回转空间及回转角增大。基本顶岩层回转角的增大,会导致其结构失稳垮落成为垮落带充填采空区,使得较高位置的岩层回转角减小,从而在较高位置形成稳定的平衡结构。

覆岩结构向高位转移后的平衡条件可以通过以下两个条件进行判定：

(1) $$l_{i0} > 2h_i \tag{5-15}$$

(2) $$h_i > 1.5\left\{M - \left[\sum_{i=0}^{i-1}h_i(K_i-1) + \sum h(K_p-1)\right]\right\} \tag{5-16}$$

平衡结构向高位转移后的围岩平衡高度可以通过以下公式进行确定：

$$H_p \geqslant \sum h + h_p = (M_1 + M_2 - S_0 - C)/(K_p-1) + h_p \tag{5-17}$$

5.3 放顶煤条件下覆岩台阶错动条件的研究

垮落法上行开采，会引起上覆岩（煤）层的横向及纵向变形和破坏。上覆煤岩层的横向变形主要是采动裂隙的扩张和横向位移，而纵向变形破坏则表现为煤岩层的离层及台阶错动造成煤岩层结构破坏，是影响上行开采的最大障碍。因此，有必要对上覆煤（岩）层台阶错动的条件进行深入研究，台阶错动条件的研究对于放顶煤条件下上行开采的可行性判定具有重要的意义。

5.3.1 放顶煤条件下直接顶垮落的分带特征及其形成条件

直接顶垮落后受岩层分层厚度 h 与岩层垮落时的下部自由空间高度 ΔH 之间大小关系的影响，由下至上可顺次形成不规则垮落带和规则垮落带，实验室实验结果如图 5-5 所示。由于放顶煤条件下一次采出空间的增大，在直接顶垮落不能充填满采空区时，其上部一定厚度的基本顶岩层将垮落弥补采空区的充填不足，从而使得采空区不规则垮落带和规则垮落带的分布具有新的特点。

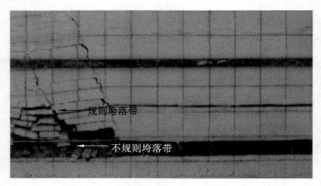

图 5-5 直接顶垮落分带特征实验结果

借鉴文献[130]的研究成果，放顶煤条件下不规则垮落带和规则垮落带形成的条件为：

当 $(2\sim2.5)h < \Delta H$ 时，则形成不规则垮落带，在煤层厚度一定的条件下，受直接顶厚度变化的影响，在直接顶垮落不能充填采空区的条件下，不规则垮落带因其所处位置不同而具有不同特点，如图 5-5 所示。下位不规则垮落带特征表现为岩层破坏严重，失去原有层次，杂乱无章堆积于采空区；上位不规则垮落带特征表现为岩块之间相互叠加呈不规则排列，但岩块在垮落过程中不发生翻转，不规则垮落带岩石的平均碎胀系数一般为 1.25～1.5。

当 $h < \Delta H, (2 \sim 2.5)h > \Delta H$ 时,形成规则垮落带,其特征表现为块体呈规则排列,块体之间存在水平挤压力的联系,但与裂缝带的差别在于规则垮落带块体之间的水平挤压力没有规律性,仅使得块体保持原有层次,块体之间存在一定程度的纵向台阶错动,如图 5-5 所示。规则垮落带岩石的平均碎胀系数一般仅为 $1.05 \sim 1.25$。

5.3.2　放顶煤条件下覆岩台阶错动条件的研究

众所周知,在放顶煤工艺开采条件下,煤层的采出先后经历割煤和放煤两个工艺过程。随着煤层的采出,采场上覆坚硬岩层将断裂成块体,块体之间相互咬合形成三铰拱式平衡结构,如图 5-6(a)所示。随着顶煤的不断放出、工作面的前移和采出空间的不断加大,图 5-6(a)中岩块 B 将继续作正向回转下沉,而岩块 C 受后端的支撑作用而反向回转下沉。根据 5.2 节的研究,当块体间接触 $\sigma_1' hf \geqslant \eta [\sigma]_c$ 或 $Q \geqslant F_{摩}$,则 B 块将产生失稳,从而在 A、B 岩块间产生台阶错动下沉,如图 5-5(b)所示。B 块相对 A 块的台阶错动下沉实际上起到了减小 B 块回转角的作用[131](图 5-6 中 $\beta < \alpha$),根据 5.3 节的研究,回转角的减小将相应地减小块体之间的挤压角,有利于阻止 B 块的加速失稳,使得 B 块在失稳错动下沉的过程中不至于完全与 A 块脱离接触,从而使得 B 块在触矸之前保持与 A 块的水平力的作用。根据放顶煤条件下直接顶垮落分带特征及其形成条件的研究结果,可将具有上述垮落特征的岩层视为规则垮落带。该带内一定程度的台阶错动下沉量 y 可按图 5-6(c)进行确定:

$$y = S_0 - \sqrt{2L\sqrt{4L^2 - S_0^2} + S_0^2 - 4L^2} \tag{5-18}$$

式中　y——岩块 B 台阶错动下沉量,m;

S_0——岩块 B 回转下沉量,m;

L——岩块长度,即工作面周期来压步距,m;

$$L = h\sqrt{\frac{\sigma_t}{3q}}$$

式中　h——失稳岩层厚度,m;

σ_t——失稳岩层抗拉强度,MPa;

q——失稳岩层自重载荷集度,kN/m。

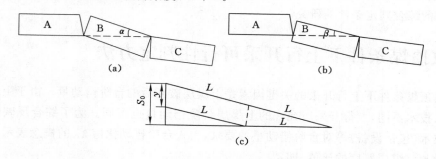

图 5-6　覆岩结构失稳错动分析

由于垮落之后 A 块和 B 块之间保持着一定程度的水平作用力,加之块体厚度和强度均较大,从而使得产生的台阶错动不易恢复。因此,将在该类垮落岩层之上的煤(岩)层内产生台阶错动。

由以上分析可以看出,在煤层厚度一定的条件下,采场覆岩是否产生上述台阶错动取决于失稳块体自身条件(如岩层高度与长度之比 $i=h/l$ 和岩层自身强度)及其下部空间条件两个因素。空间条件影响表现为:一方面块体在这样的空间回转产生失稳;另一方面在块体之间失稳错动的调整下(减小块体的回转角),又能使得块体在失稳、错动和下沉触矸的过程中保持连续接触,即保持一定的横向作用力。块体自身条件影响表现为:块体具有一定程度的抗回转失稳能力,同时,在块体触矸之后块体具有较强的抗压强度,不会随着上部覆岩的垮落压实而破碎。

5.4　放顶煤条件下煤层群上行开采的基本原则

采用垮落法上行开采时,上煤层必然受到下煤层采动的影响,下煤层覆岩按其破坏状态可分为垮落带、裂缝带和弯曲下沉带。如果上煤层位于下煤层的弯曲下沉带内,上煤层只发生整体移动,结构不受破坏。如果上煤层位于下煤层的裂缝带内,由于平衡岩层的作用,上煤层结构只发生中等强度的破坏。如果上煤层位于下煤层的规则垮落带内,上煤层结构受到较大破坏,但是仍然保持整体连续,随着时间的延长,规则垮落带煤岩体将逐渐压实固结再生成。如果上煤层位于下煤层的不规则垮落带内,上煤层结构遭到完全破坏,整体的连续性也遭到破坏。

尽管上煤层受到下煤层采动的影响,从而导致上煤层产生不同程度的破坏,但是,只要上煤层围岩能够保持相对稳定,上行开采煤层掘进和回采期间的安全就能够得到保障。在此保障条件下,上行开采的基本原则就是上煤层位于能够保持其整体连续和完整的下煤层覆岩范围内。

因此,上煤层位于由坚硬岩层结构失稳形成的规则垮落带范围,是进行上行开采的极限条件。当上煤层位于该类规则垮落带范围时,上煤层可能产生大小不等的台阶错动,当台阶错动量在生产设备适应范围之内时,在当前生产技术条件下,通过采取一定的安全措施仍然可以进行上行开采。

在以上基本原则的基础上,结合前述章节的研究结果,便可进行放顶煤条件下上行开采可行性判定的综合判定条件的研究。

5.5　放顶煤条件下上行开采可行性判定方法

影响放顶煤条件下上行开采的关键因素是上煤层破断后的台阶错动量。由于上煤层的厚度和开采技术不同,上行开采所允许的上煤层台阶错动量也不同。为了综合反映煤层厚度和开采技术(包括设备)等对台阶错动量的要求,引入台阶错动比值 λ_T 的概念表示上煤层台阶错动量与该煤层厚度的比值,即:

$$\lambda_T = \frac{T}{M_上}$$ (5-19)

式中　λ_T——台阶错动比值;

　　　T——上煤层台阶错动量,m;

　　　$M_上$——上煤层厚度,m。

在给定的煤层地质和开采技术条件下,进行上行开采所允许的最大上煤层台阶错动量是确定的,故存在能进行上行开采的台阶错动比值阀值 λ_T^f。因此,上行开采可行的基本条件就是上行开采煤层的台阶错动比值 λ_T 不能大于给定煤层地质和开采技术条件下台阶错动比值阀值 λ_T^f,即:

$$\lambda_T \leqslant \lambda_T^f \qquad (5-20)$$

为了保障上煤层的连续正常开采,减小煤炭损失,不同煤层厚度和开采技术条件下的台阶错动比值阀值 λ_T^f 不同。一般来讲,上煤层厚度越小,台阶错动比值阀值 λ_T^f 也越小;开采机械化程度越高,台阶错动比值阀值 λ_T^f 越小。

根据目前上行开采煤层一般情况下为薄煤层或中厚偏薄煤层的实际,考虑工作面机械化程度对台阶错动的适应性、生产管理和台阶错动区围岩的控制等,确定上行开采煤层的台阶错动量不大于其厚度的 20%～30%,即 $\lambda_T^f = 0.2～0.3$ 作为台阶错动比值的阀值,机械化程度高时,取下限,否则取上限。

根据第 3 章物理相似模拟实验和第四章数值计算结果,影响上煤层台阶错动量大小的本质原因是放顶煤条件下上煤层的下位采动岩体结构特征及其运动规律。煤层开采后覆岩是自下而上逐层垮落的,依次形成不规则垮落带、规则垮落带、裂缝带和弯曲下沉带。当上煤层处于下煤层开采形成的弯曲下沉带中时,上煤层是连续弯曲,肯定可以进行上行开采。若当上煤层处于下煤层开采形成的裂缝带内时,则煤层的下位岩层结构运动分为以下三种情况:

(1) 第一种情况:当岩体结构的关键块在变形、破断、回转及触矸的过程中,关键块铰接,没有发生失稳,则煤层破断后整体表现为连续弯曲变形,没有台阶错动量,肯定可以上行开采。

(2) 第二种情况:关键块失稳,包括回转变形失稳和滑落失稳。影响关键块失稳的原因主要包括回转角较大、岩层的厚度、破断岩块的长度及其上破断岩层的载荷等;失稳后岩块触矸的重新初步平衡稳定状态,是否产生台阶错动及台阶高度大小与岩性构成、分层厚度等。

(3) 第三种情况:失稳后的关键岩块初步稳定后,随着工作面的推进,采空区岩体逐渐压实,下位破断岩体的空隙逐渐减小,岩体排列趋向于整体,逐渐累加,导致煤层下位岩层原先的台阶错动有一定的恢复。

从实验和前面的分析可以看出,放顶煤条件下上行开采的影响因素主要有:层间距及其与煤层厚度的倍数、岩层岩性构成等,此外还应考虑顶煤的破断冒放规律、下位直接顶与上位顶煤的随动效果、采空区垮落矸石的压实均匀度等。

当层间距足够大时,上煤层均能保持较小的台阶错动量或没有,岩性构成的影响表现不明显;在层间距较小的情况下,下位一定厚度的软岩层的破碎块度小,垮落后排列较为整齐,且与上位顶煤具有较好的随动性,导致不规则垮落带的高度较小,使进入裂缝带岩层的层位降低,有利于减小上层煤的台阶错动量。因此,一定厚度的下位软岩层有利于上行开采。

在顶煤的破断冒放规律影响方面[132-135],当顶煤软,破碎效果好时,顶煤的破断角越大,顶煤的流动放出范围加大,将减小上覆采动岩体结构弯曲的曲率,有利于岩体结构关键块的稳定和连续弯曲下沉,进而减小台阶错动量。而硬顶煤则使得顶煤破碎块度较大,顶煤破断角小,顶煤放出过程中的扰动较大和混矸程度加剧,会加大不规则垮落带的高度,使得台阶错动量相对较大。可见,在相同条件下,软顶煤有利于上行开采。

因此,在放顶煤条件下,判定是否能上行开采可采用"上行开采判定三原则"方法,即:

原则之一:是否满足放顶煤条件下围岩平衡条件;

原则之二:层间距是否大于垮落带高度;

原则之三:上煤层是否位于规则垮落带范围,而且满足条件:

(1) 层间岩性具有适合的岩性构成和厚度比,符合关系式:

$$\Delta h = 3.819\ 3\left(\frac{H_r}{H}\right)^2 - 7.788\ 3\ \frac{H_r}{H} + 3.944\ 7 \tag{5-21}$$

$$\Delta h = 4.030\ 4\left(\frac{H_y}{H}\right)^2 - 10.685\ \frac{H_y}{H} + 6.579\ 6 \tag{5-22}$$

(2) 台阶错动比值 λ_T 不大于其台阶错动比值阀值 λ_T^f,即 $\lambda_T \leqslant \lambda_T^f$ ($\lambda_T^f = 0.2 \sim 0.3$)。

在上面上行开采判定三原则中,原则之一就是首先根据传统上行开采理论进行条件判定,如采用比值法的采动影响倍数 K、围岩平衡理论等,如符合条件则可判定适合上行开采,若不符合,则要通过以下原则进行进一步判定。原则之二就是判定层间距是否大于垮落带高度,从而判定上煤层位于裂缝带,或位于垮落带内。当位于裂缝带内时,则可根据上行开采的围岩平衡理论进行裂缝带岩层结构稳定性分析,分析结构关键块的稳定性条件和可能产生的台阶错动量,并根据台阶错动允许条件进行判定。若上煤层位于垮落带范围,则要通过原则三进一步判定是否位于规则垮落带内,上煤层位于规则垮落带内是实现上行开采的极限条件,其可行性还要通过岩性条件和台阶错动允许条件等附加条件进行进一步分析判定。

根据上述上行开采判定三原则,结合上行开采煤层的地质赋存条件和开采技术条件,就可进行上行开采的可行性判定。

5.6 本 章 小 结

(1) 通过对放顶煤条件下上覆岩层结构向高位转移的机理分析以及覆岩结构平衡条件的研究,得出了放顶煤条件下上行开采围岩平衡的两个条件以及围岩平衡高度的计算公式。

覆岩结构向高位转移后的平衡条件可以通过以下两个条件进行判定:

① $$l_{i0} > 2h_i$$

② $$h_i > 1.5\left\{M - \left[\sum_{i=0}^{i-1} h_i(K_i - 1) + \sum h(K_p - 1)\right]\right\}$$

覆岩结构向高位转移后的围岩平衡高度可以通过以下公式进行确定:

$$H_p \geqslant \sum h + h_p = (M_1 + M_2 - S_0 - C)/(K_p - 1) + h_p$$

(2) 在对放顶煤条件下直接顶垮冒分带特征与形成条件分析的基础上,通过对下位基本顶岩层失稳错动机理的分析,提出了下位基本顶岩层失稳是导致覆岩产生台阶错动的观点,同时对台阶错动的产生条件进行了分析。

(3) 在分析了上行开采煤层所处开采环境以及对上行开采煤层完整性影响的基础上,提出了上行开采煤层安全开采的保障条件,进而提出了上行开采的基本原则,即上煤层位于能够保持其整体连续和完整的下煤层覆岩范围内。

（4）在物理相似模拟和数值计算研究的基础上，理论分析认为在放顶煤条件下，上行开采的可行性可通过"上行开采判定三原则"来判定，即：

原则之一：是否满足放顶煤条件下围岩平衡条件；

原则之二：层间距是否大于垮落带高度；

原则之三：上煤层是否位于规则垮落带范围，而且满足条件：

① 层间岩性具有适合的岩性构成和厚度比，符合关系式：

$$\Delta h = 3.819\,3\left(\frac{H_r}{H}\right)^2 - 7.788\,3\frac{H_r}{H} + 3.944\,7$$

$$\Delta h = 4.030\,4\left(\frac{H_y}{H}\right)^2 - 10.685\frac{H_y}{H} + 6.579\,6$$

② 台阶错动比值 λ_T 不大于其台阶错动比值阀值 λ_T^f，即 $\lambda_T \leqslant \lambda_T^f$（$\lambda_T^f = 0.2 \sim 0.3$）。

6 放顶煤工艺条件下上行开采的现场应用研究

6.1 引　　言

　　放顶煤工艺条件下上行开采的理论研究成果为现场实践奠定了理论基础,提供了依据。基于此,2006 年 5 月～2006 年 8 月在兖矿集团济宁三号煤矿 43上03 上行开采工作面进行了现场应用研究。应用研究的内容包括对四采区 3 组煤放顶煤条件下上行开采可行性进行判定、上行开采工作面的矿压显现规律以及 3上煤层的完整性和煤岩稳定性控制等进行研究。现场生产实践效果表明了放顶煤条件下上行开采的相关理论研究成果的正确性,取得了显著的技术经济效果。

6.2 济三煤矿煤层群上行开采的地质赋存及生产技术条件

6.2.1 地质赋存条件

　　本井田含煤地层为二叠系山西组和石炭系太原组,煤系地层平均总厚 250 m。共含煤 26 层,可采与局部可采 8 层,平均总厚 10.44 m,含煤系数为 4.2%。其中,主要可采煤层为 3上、3下 及 16上煤,平均总厚为 7.38 m,占可采煤层总厚的 70.7%;3上、3下 煤层厚度较大,平均厚度达 6.21 m,占可采煤层总厚的 59.5%。

　　3上、3下 煤层间距为 17.92～59.50 m,3下 煤层可采范围内的煤层平均厚度 6 m,大部分为厚煤层,厚度较稳定,呈东厚西薄的变化规律,3下 煤层顶板岩性以粉砂岩、细粒砂岩、中粒砂岩为主,厚 30.21～41.43 m,平均为 34.82 m,且细粒砂岩、中粒砂岩顶板大面积分布;3上 煤层可采范围内煤层厚度 0.50～2.00 m,平均厚度 1.72 m,煤层厚度较稳定,层状构造,靠近西北部煤层局部冲刷变薄。3上 煤层和 3下 煤层平均倾角 4°。可采煤层特征见表 6-1。

　　上行开采煤层情况分述如下:

　　3上 煤层位于山西组中部,可采块段内的平均厚度 1.72 m,大部分为中厚煤层,厚度较稳定,按一定的规律变化,东薄西厚。在井田中部有两条冲刷无煤区,其中一条由北向南纵贯井田中部直到第四勘探区,延展长度 10 km,宽度 1～2 km。另一条在上述冲刷带中间往东再折转向南直至煤层露头,延展长度 4.5 km,宽度 0.5～0.7 km。

　　3下 煤层位于山西组下部,可采范围内的煤层平均厚度 6 m,大部为厚煤层,厚度较稳定,呈东厚西薄的变化规律。东部陆地煤层厚度多为 6～7 m,个别地段则因冲刷影响发生局部变薄现象。西部湖区煤层变薄,15 线以南以及 C10-8 号孔周围煤层受冲刷形成无煤区。上行开采煤层综合柱状如图 6-1 所示。

表 6-1   上行开采煤层特征表

煤层名称	全井田厚度/m 最小～最大／平均	可采范围平均厚度/m	煤层间距/m 最小～最大／平均	煤层结构 夹矸数	煤层结构 结构	稳定性	顶、底板岩性 顶板	顶、底板岩性 底板
3上	$\dfrac{0\sim5.80}{1.21}$	1.72	$\dfrac{17.92\sim59.50}{34.84}$	0～3	简单	较稳定	粉砂岩	黏土及粉砂岩
3下	$\dfrac{0\sim9.69}{4.89}$	6.26		0～3	较简单	较稳定	粉砂岩及砂岩	粉细砂岩

本井田地质构造中等偏简单,断层具有明显的规律性,南北向断层组,多为东升西降的正断层,因而井田地层自东向西呈台阶下降。另一组北东东至东西向的正断层,分布不甚规律,个别为落差较小的逆断层。井田落差 20 m 以上的断层共 14 条,其中,落差在 100 m 以上的 4 条(包括 2 条边界断层),落差 50～100 m 的两条,落差 20～50 m 的 8 条。

6.2.2 综采放顶煤的生产技术条件

6.2.2.1 生产工艺

（1）采煤方法

工作面采用走向长壁综采放顶煤一次采全高采煤法,全部垮落法管理顶板。

（2）采煤工艺

双滚筒采煤机割煤,采高 2.9±0.1 m,割煤截深 0.8 m。

（1）工序过程:割煤→移架→推移前部输送机、放煤→拉移后部输送机。

（2）落煤方式:采用双滚筒电牵引采煤机割煤。

（3）进刀方式:采用斜切进刀方式。

采用端头自开缺口斜切进刀,进刀长度 30 m,进刀深度 0.8 m。具体操作如下:

① 采煤机向下(上)割透端头煤壁后,在采煤机后方推移刮板输送机,使得刮板输送机弯曲段为 20 m 后,将两个滚筒的上下位置调换,向上(下)进刀,通过 20 m 的弯曲段至距回采巷道 30 m 处,使得采煤机达到正常截割深度(即 0.8 m)。按要求推移刮板输送机至平直状态。

② 将采煤机两个滚筒的上下位置调换,向下(上)割三角煤至割透端头煤壁。

③ 割完三角煤以后,将采煤机两个滚筒的上下位置调换,采煤机空机返回,进入正常割煤状态。

（4）采煤机正常割煤:采煤机正常割煤采用前滚筒在上部、后滚筒在下部的方式,采煤机正常牵引速度 4 m/min,双向割煤,截深 0.8 m。

（5）放顶煤支架放煤:放顶煤支架采用双轮顺序放煤,采放平行作业,一刀一放,放煤步距 0.8 m。

第一轮放煤在移架后滞后不小于 10 个支架,第二轮滞后首轮不小于 5 个支架。第一轮放出量为顶煤的 1/2～2/3,第二轮将顶煤放净后即停止放煤。放煤结束后关好放煤口,并确保过煤高度不小于 500 mm。

初次放煤为工作面顶煤冒落后开始放煤,距停采线 10 m 时停止放顶煤。采煤工作面

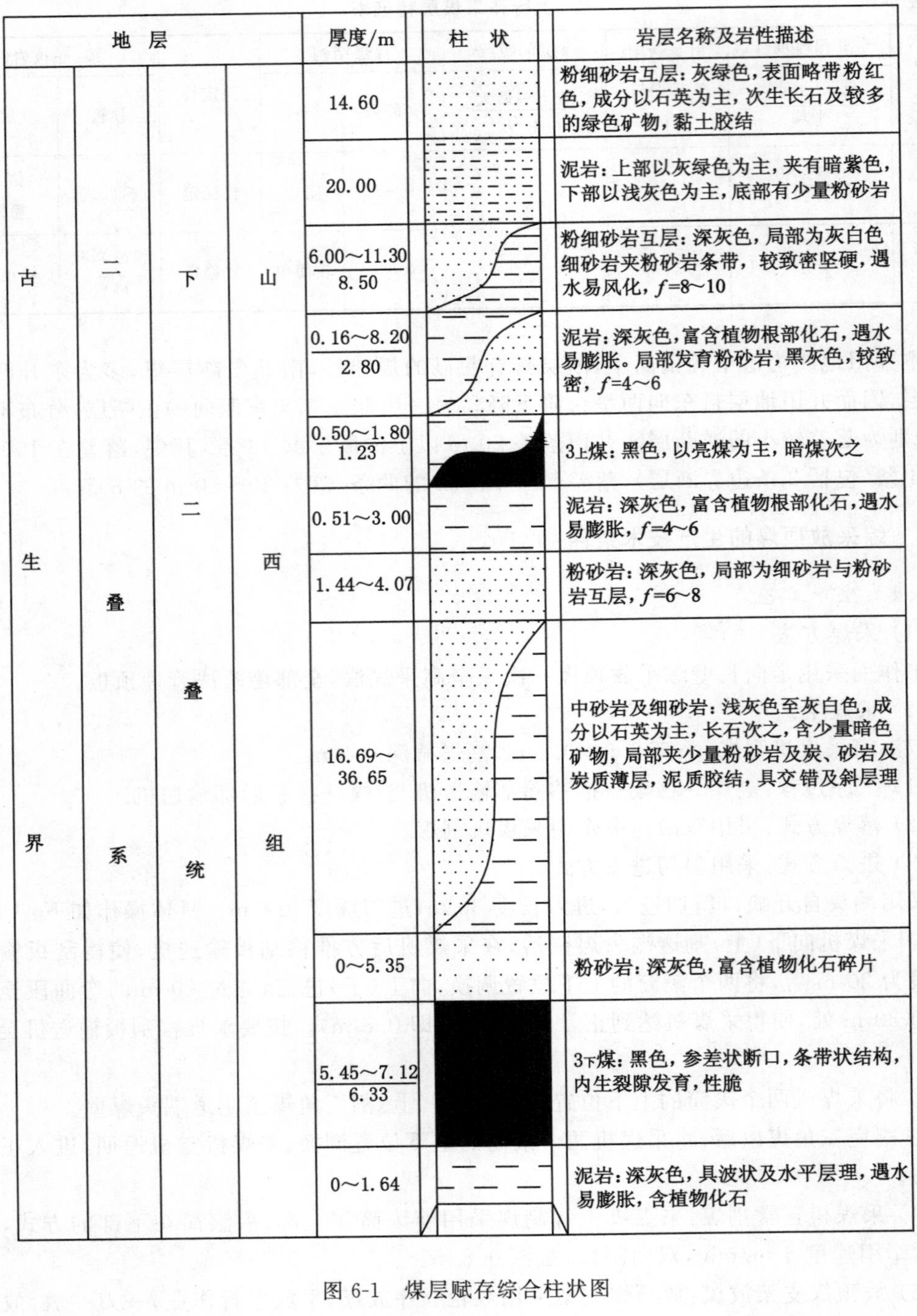

地 层				厚度/m	柱 状	岩层名称及岩性描述
古 生 界	二 叠 系	下 二 叠 统	山 西 组	14.60		粉细砂岩互层:灰绿色,表面略带粉红色,成分以石英为主,次生长石及较多的绿色矿物,黏土胶结
				20.00		泥岩:上部以灰绿色为主,夹有暗紫色,下部以浅灰色为主,底部有少量粉砂岩
				$\dfrac{6.00\sim11.30}{8.50}$		粉细砂岩互层:深灰色,局部为灰白色细砂岩夹粉砂岩条带,较致密坚硬,遇水易风化,$f=8\sim10$
				$\dfrac{0.16\sim8.20}{2.80}$		泥岩:深灰色,富含植物根部化石,遇水易膨胀。局部发育粉砂岩,黑灰色,较致密,$f=4\sim6$
				$\dfrac{0.50\sim1.80}{1.23}$		3上煤:黑色,以亮煤为主,暗煤次之
				$0.51\sim3.00$		泥岩:深灰色,富含植物根部化石,遇水易膨胀,$f=4\sim6$
				$1.44\sim4.07$		粉砂岩:深灰色,局部为细砂岩与粉砂岩互层,$f=6\sim8$
				$16.69\sim36.65$		中砂岩及细砂岩:浅灰色至灰白色,成分以石英为主,长石次之,含少量暗色矿物,局部夹少量粉砂岩及炭、砂岩及炭质薄层,泥质胶结,具交错及斜层理
				$0\sim5.35$		粉砂岩:深灰色,富含植物化石碎片
				$\dfrac{5.45\sim7.12}{6.33}$		3下煤:黑色,参差状断口,条带状结构,内生裂隙发育,性脆
				$0\sim1.64$		泥岩:深灰色,具波状及水平层理,遇水易膨胀,含植物化石

图 6-1 煤层赋存综合柱状图

两端头使用插板撕网的方式将端头支架顶煤放出。

6.2.2.2 工作面主要配套设备

见表 6-2 至表 6-6。

表 6-2 液压支架

项目	中间支架	端头支架
型号	ZFS6200/18/35	ZTF6500/19/32
支架高度/mm	1 800~3 500	1 900~3 200
支架宽度/mm	1 410~1 580	1 490~1 660
中心距/mm	1 500	1 570
初撑力/kN	5 063~5 274	6 157
放顶煤尾梁长度/mm	1 250	1 250
工作阻力/kN	6 000~6 250	6 577
支护强度/MPa	0.8~0.86	0.75
对地比压/MPa	2.0	2.05

表 6-3 采煤机

型号	MGTY400/930—3.3D
采高/mm	2 000~3 500
滚筒直径/mm	1 800
截深/mm	800
牵引速度/(m/min)	0~7.7~12.0
牵引力/kN	450~750
电压/V	3 300
装机功率/kW	930

表 6-4 刮板输送机

项目	前部输送机	后部输送机
型号	SGZ—1000/2×525	SGZ—900/2×525
运输能力/(t/h)	2 000	1 800
长度/m	113.6/223.1	112.374/222.093
电压/V	3 300	3 300
功率/kW	2×525	2×525
链速/(m/s)	1.31	1.3

表 6-5 转载机

型号	SZZ—1000/400
运输能力/(t/h)	2 200
长度/m	约50
电压/V	3 300
功率/kW	400

表 6-6	运输巷可伸缩胶带运输机
型号	SSJ—1200/4×315
运输能力/(t/h)	1 800~2 000
带宽/mm	1 200
带速/(m/s)	3.55
电压/V	1 140
功率/kW	4×315

6.3　济三煤矿 3 组煤上行开采的可行性研究

6.3.1　3 组煤上行开采区的岩层赋存条件

本井田 3 煤组包括 $3_\text{上}$ 煤层和 $3_\text{下}$ 煤层,位于二叠系山西组,为井田内主采煤层。$3_\text{上}$、$3_\text{下}$ 煤层间距为 17.92~59.50 m。

$3_\text{下}$ 煤层可采范围内的煤层平均厚度 6.5 m,大部分为厚煤层,厚度较稳定,平均倾角 4°,呈东厚西薄变化规律。$3_\text{下}$ 煤层直接顶为深灰色粉砂岩,含植物化石碎片,厚度 0~5.36 m;基本顶为浅灰白色中砂岩及细砂岩,成分以石英为主,长石次之,含少量暗色矿物,局部夹少量粉砂岩及炭、砂岩及碳质薄层,泥质胶结,具有交错及斜层理,厚度 16.69~36.65 m;$3_\text{下}$ 煤层基本顶上方覆岩为深灰色粉砂岩,局部为细砂岩与粉砂岩互层,$f=6\sim8$,厚度 1.44~4.07 m,往上为深灰色泥岩,富含植物根部化石,遇水易膨胀,$f=4\sim6$,厚度 0.51~3.00 m,再往上为 $3_\text{上}$ 煤层。

$3_\text{上}$ 煤层可采范围内煤层厚度 0.50~2.00 m,平均厚度 1.72 m,平均倾角 4°,煤层厚度较稳定,层状构造,靠近西北部煤层局部冲刷变薄。$3_\text{上}$ 煤层直接顶为深灰色泥岩,富含植物根部化石,遇水易膨胀,局部发育粉砂岩,较致密,$f=4\sim6$,厚度 0.16~8.20 m,平均厚度 2.80 m;$3_\text{上}$ 煤层基本顶为深灰色粉细砂岩互层,局部为白色细砂岩夹粉砂岩条带,较致密坚硬,遇水易风化,$f=8\sim10$;$3_\text{上}$ 煤层基本顶上方覆岩为泥岩,上部以灰绿色为主,夹有暗紫色,下部以浅灰色为主,底部有少量粉砂岩,往上为灰绿色粉细砂岩互层,表面略带粉红色,成分以石英为主,次生长石及较多的绿色矿物,黏土胶结。

井田 3 组煤上行开采区域内共 12 条勘探线 76 个控制钻孔,可采煤层特征见表 6-1,3 组煤综合柱状图见图 6-1。

6.3.2　3 组煤上行开采可行性判定

煤层群层间距是影响上行开采的主要因素之一。因此,确定合理的上行开采层间距,是确保上行开采安全正常进行的前提。迄今为止,国内外已积累了许多上行开采的实践经验及判别方法,相关的上行开采理论为煤层群上行开采的可行性判定奠定了理论基础。但是,传统的上行开采理论均是基于中厚煤层条件建立的,煤层群上行开采也均是在中厚煤层条件下进行的。目前,我国在近距离煤层群条件下,如平顶山四矿己组煤的近距离上行开采,在不满足传统上行开采理论判定条件下,也顺利实现了上行开采。济三矿在 3 组煤放顶煤工艺条件下的上行开采也表明了与传统开采理论的不一致性。因此,本书的研究表明,放顶煤工艺条件下的上行开采除了层间距与煤层厚度的关系、围岩平衡条件影响外,还与层间岩性构成及煤矸冒落规律等因素有关。因此,在进行济三矿 3 组煤上行开采可行性分析时,采用"上行开采判定三原则"方法进行。

6.3.2.1 原则之一:是否满足放顶煤条件下围岩平衡条件

放顶煤条件下上行开采的围岩平衡条件仍然是采场上覆岩层砌体梁结构的平衡问题。由于放顶煤开采一次采出煤层厚度增大,采空区空间加大,当直接顶厚度较小垮落后不能够充填采空区时,上部基本顶岩层回转空间及回转角增大。基本顶岩层回转角的增大,导致其下位岩层结构失稳垮落成为垮落带充填采空区,使得较高位置的岩层回转角减小,从而在较高位置形成稳定的平衡结构。

覆岩结构向高位转移后的平衡条件可以通过以下两个关系式进行判定:

(1)
$$l_{i0} > 2h_i \tag{6-1}$$

(2)
$$h_i > 1.5\left\{M - \left[\sum_{i=0}^{i-1} h_i(K_i - 1) + \sum h(K_p - 1)\right]\right\} \tag{6-2}$$

式中　l_{i0}——第 i 层基本顶悬露岩块长度,m;

　　　h_i——第 i 层基本顶岩层厚度,m;

　　　M——煤层厚度,m;

　　　$\sum h$——直接顶厚度,m;

　　　K_i——基本顶及其上附加岩层的碎胀系数;

　　　K_p——直接顶岩层的碎胀系数。

平衡结构向高位转移后的围岩平衡高度可以通过以下公式进行确定:

$$H_p \geqslant \sum h + h_p = (M_1 + M_2 - S_0 - C)/(K_p - 1) + h_p \tag{6-3}$$

式中　$\sum h$——直接顶厚度,m;

　　　M_1——机采高度,m;

　　　M_2——顶煤厚度,m;

　　　S_0——基本顶在触矸处的沉降值,m;

　　　h_p——平衡岩层的厚度,m;

　　　C——采空区残留浮煤厚,m;

　　　K_p——直接顶岩层碎胀系数[1],坚硬岩层,取 $K_p = 1.10 \sim 1.15$;中硬岩层,取 $K_p = 1.15 \sim 1.20$;软弱岩层,取 $K_p = 1.20 \sim 1.25$。

根据围岩平衡的观点,当上煤层位于下煤层的平衡岩层上部时,上煤层内不发生台阶错动,可顺利实现上行开采。按照放顶煤条件下围岩平衡条件对全矿 3 上 煤开采区域 76 个钻孔的计算结果见表 6-7 和表 6-8。

表 6-7　　　　　　　　　　　　　满足放顶煤条件下围岩平衡条件的钻孔

钻孔号	层间距 H/m	$3_下$煤厚/m	采出煤厚(采出率0.85)/m	残煤高度 C/m	下沉量 S_0/m	h_p/m	H_p/m
159	29.83	7.20	6.12	1.19	1.22	8.00	27.15
C6-3	28.10	6.65	5.65	1.10	1.13	7.00	24.69
C6-14	32.49	7.26	6.17	1.20	1.23	8.00	27.31
108	34.97	7.70	6.55	1.27	1.31	8.00	28.48
C7-5	32.86	7.02	5.97	1.16	1.19	8.00	26.67
125	31.35	6.40	5.44	1.06	1.09	7.00	24.02
C11-6	32.55	6.57	5.58	1.08	1.12	7.00	24.48
C10-5	33.45	6.65	5.65	1.10	1.13	7.00	24.69
C8-5	34.65	6.82	5.80	1.13	1.16	7.00	25.14
C10-3	32.57	6.35	5.40	1.05	1.08	7.00	23.89
C7-6	35.45	6.91	5.87	1.14	1.17	7.00	25.38
C3-4	34.07	6.63	5.64	1.09	1.13	7.00	24.64
C10-4	31.54	6.13	5.21	1.01	1.04	7.00	23.31
C8-8	39.35	7.53	6.40	1.24	1.28	8.00	28.03
C5-14	27.79	5.30	4.51	0.87	0.90	6.00	20.10
C7-18	37.50	7.15	6.08	1.18	1.22	8.00	27.02
C6-19	33.67	6.40	5.44	1.06	1.09	7.00	24.02
C6-4	35.00	6.62	5.63	1.09	1.13	7.00	24.61
163	25.70	4.80	4.08	0.79	0.82	5.00	17.77
C7-14	33.84	6.28	5.34	1.04	1.07	7.00	23.70
C5-2	37.13	6.73	5.72	1.11	1.14	7.00	24.90
C5-3	38.54	6.88	5.85	1.14	1.17	7.00	25.30
C5-15	40.55	7.20	6.12	1.19	1.22	8.00	27.15
118	32.77	5.80	4.93	0.96	0.99	6.00	21.43
C10-14	33.92	5.90	5.02	0.97	1.00	6.00	21.69
C1-5	34.04	5.89	5.01	0.97	1.00	6.00	21.67
C3-3	38.34	6.59	5.60	1.09	1.12	7.00	24.53
C2-6	33.53	5.75	4.89	0.95	0.98	6.00	21.30
C4-13	36.67	6.28	5.34	1.04	1.07	7.00	23.70
C4-9	32.26	5.50	4.68	0.91	0.94	6.00	20.63
C4-4	30.15	4.92	4.18	0.81	0.84	5.00	18.09
C8-6	42.12	6.87	5.84	1.13	1.17	7.00	25.27
C8-7	35.51	5.75	4.89	0.95	0.98	6.00	21.30
C4-8	36.35	5.88	5.00	0.97	1.00	6.00	21.64
C6-13	35.81	5.78	4.91	0.95	0.98	6.00	21.37
C2-8	37.12	5.61	4.77	0.93	0.95	6.00	20.92

钻孔号	层间距 H/m	3下煤厚/m	采出煤厚(采出率 0.85)/m	残煤高度 C/m	下沉量 S_0/m	h_p/m	H_p/m
C4-1	38.84	5.77	4.90	0.95	0.98	6.00	21.35
C2-11	27.16	4.00	3.40	0.66	0.68	5.00	15.64
C5-8	43.16	5.98	5.08	0.99	1.02	6.00	21.91
C2-9	37.25	5.00	4.25	0.83	0.85	6.00	19.30
C7-9	37.42	4.78	4.06	0.79	0.81	5.00	17.71
C8-4	44.99	5.64	4.79	0.93	0.96	6.00	21.00
C7-4	51.12	5.45	4.63	0.90	0.93	6.00	20.50
C2-3	44.10	4.66	3.96	0.77	0.79	5.00	17.40
C10-12	29.97	3.10	2.64	0.51	0.53	4.00	12.25
C3-7	32.14	3.20	2.72	0.53	0.54	4.00	12.51
C11-15	45.43	4.15	3.53	0.68	0.71	5.00	16.04
C12-7	45.43	4.15	3.53	0.68	0.71	5.00	16.04
C10-6	50.72	4.33	3.68	0.71	0.74	5.00	16.52
C9-12	47.96	4.03	3.43	0.66	0.69	5.00	15.72
86	50.61	4.17	3.54	0.69	0.71	5.00	16.09
C3-10	38.12	3.14	2.67	0.52	0.53	4.00	12.35
C11-14	46.63	3.65	3.10	0.60	0.62	4.00	13.71
C12-4	46.63	3.65	3.10	0.60	0.62	4.00	13.71
C11-6	39.29	2.91	2.47	0.48	0.49	3.00	10.74
S1	39.29	2.91	2.47	0.48	0.49	3.00	10.74
C1-9	30.13	2.17	1.84	0.36	0.37	3.00	8.77
C1-2	38.80	2.70	2.30	0.45	0.46	3.00	10.18
C8-3	46.61	3.22	2.74	0.53	0.55	4.00	12.57
C11-7	45.72	2.80	2.38	0.46	0.48	3.00	10.45
C12-3	45.72	2.80	2.38	0.46	0.48	3.00	10.45
C2-7	47.91	2.71	2.30	0.45	0.46	3.00	10.21
120	35.80	1.95	1.66	0.32	0.33	2.00	7.19

表 6-8　　　　　　　　**不满足放顶煤条件下围岩平衡条件的钻孔**

钻孔号	层间距 H/m	3下煤厚/m	采出煤厚(采出率 0.85)/m	残煤高度 C/m	下沉量 S_0/m	h_p/m	H_p/m
C6-5	9.87	7.17	6.09	1.18	1.22	8.00	27.07
C6-1	21.92	7.58	6.44	1.25	1.29	8.00	28.16
C11-9	17.29	5.13	4.36	0.85	0.87	6.00	19.65
C12-8	17.29	5.13	4.36	0.85	0.87	6.00	19.65
C6-2	23.84	7.02	5.97	1.16	1.19	8.00	26.67
C7-11	24.30	7.08	6.02	1.17	1.20	8.00	26.83

钻孔号	层间距 H/m	$3_下$煤厚/m	采出煤厚(采出率0.85)/m	残煤高度 C/m	下沉量 S_0/m	h_p/m	H_p/m
C8-2	24.02	6.85	5.82	1.13	1.16	7.00	25.22
C4-10	20.24	5.75	4.89	0.95	0.98	6.00	21.30
C5-12	26.67	7.24	6.15	1.19	1.23	8.00	27.26
C4-14	22.38	6.05	5.14	1.00	1.03	7.00	23.09
C4-12	22.73	6.10	5.19	1.01	1.04	7.00	23.23
C2-4	21.13	5.58	4.74	0.92	0.95	7.00	21.84
C1-3	17.26	4.32	3.67	0.71	0.73	6.00	17.49

以上通过采用放顶煤条件下围岩平衡条件的研究成果,对济三煤矿3组煤76个钻孔上行开采可行性进行了判别,判定的结果表明,满足上行开采要求的钻孔数为63个,占全部统计钻孔数的82.9%;其中,以下钻孔按照放顶煤条件下围岩平衡条件分析不满足上行开采的要求:C6-5,C11-9,C12-8,C1-3,C4-10,C6-1,C6-2,C7-11,C8-2,C5-12,C4-14,C4-12,C2-4共计13个,如表6-8所示,占全部统计钻孔数的17.1%,对于以上13个按传统理论不满足上行开采要求的钻孔,是否能够进行上行开采还需要通过"上行开采判定三原则"中的原则之二作进一步的判定。

6.3.2.2 原则之二:层间距是否大于垮落带高度

(1) 垮落带的理论计算判别

通过采用放顶煤条件下围岩平衡条件对3组煤76个钻孔进行了上行开采可行性分析,结果表明存在13个钻孔不满足传统理论上行开采的要求。为了对这13个钻孔的上行开采可行性进一步分析,以下采用"上行开采判定三原则"中的原则之二,即层间距是否大于垮落带高度进行理论判定。理论判定计算采用兖矿集团兴隆庄煤矿在大量"两带"观测的基础上提出的综放条件下垮落带高度计算公式,见式(6-4)。理论判定的结果如表6-9和表6-10所示。

$$H_k = \frac{100\sum M}{2.13\sum M + 15.93} \pm 2.72 \qquad (6-4)$$

$$H_{kmax} = \frac{100\sum M}{2.13\sum M + 15.93} + 2.72$$

式中 H_{kmax} ——垮落带最大高度,m;

$\sum M$ ——累计采厚(等于煤层厚度减去煤层损失厚度),m。

表 6-9　　　　　　　　　　　　层间距大于垮落带高度的钻孔

钻孔号	层间距 H/m	$3_下$煤厚/m	采出煤厚(采出率0.85)/m	残留高度 C/m	下沉量 S_0/m	h_p/m	H_p/m	H_{max}/m
C6-2	23.84	7.02	5.97	1.16	1.19	8.00	26.67	23.55
C7-11	24.30	7.08	6.02	1.17	1.20	8.00	26.83	23.65
C8-2	24.02	6.85	5.82	1.13	1.16	7.00	25.22	23.27
C5-12	26.67	7.24	6.15	1.19	1.23	8.00	27.26	23.91

钻孔号	层间距 H/m	$3_下$ 煤厚/m	采出煤厚(采出率0.85)/m	残留高度 C/m	下沉量 S_0/m	h_p/m	H_p/m	H_{max}/m
C4-14	22.38	6.05	5.14	1.00	1.03	7.00	23.09	21.85
C4-12	22.73	6.10	5.19	1.01	1.04	7.00	23.23	21.94
C2-4	21.13	5.58	4.74	0.92	0.95	7.00	21.84	20.94

表 6-10　　　　　　　　　　　　　**层间距小于垮落带高度的钻孔**

钻孔号	层间距 H/m	$3_下$ 煤厚/m	采出煤厚(采出率0.85)/m	残留高度 C/m	下沉量 S_0/m	h_p/m	H_p/m	H_{max}/m
C6-5	9.87	7.17	6.09	1.18	1.22	8.00	27.07	23.80
C6-1	21.92	7.58	6.44	1.25	1.29	8.00	28.16	24.45
C11-9	17.29	5.13	4.36	0.85	0.87	6.00	19.65	20.01
C12-8	17.29	5.13	4.36	0.85	0.87	6.00	19.65	20.01
C4-10	20.24	5.75	4.89	0.95	0.98	6.00	21.30	21.28
C1-3	17.26	4.32	3.67	0.71	0.73	6.00	17.49	18.18

（2）垮落带的现场实测判别

垮落带高度的测定是确定上行开采的关键技术数据之一,据此,济三煤矿在 $3_下$ 煤已开采区域开展了井下观测工作。

① 垮落带观测方案的确定

目前常用的观测方法有:

——用钻孔冲洗液测定"两带"高度。以单位时间或单位进尺的钻孔冲洗液的漏失量,来衡量不同位置的岩层破碎状况,即确定岩体的破坏深度。该方法只能大体定位,难以精确定位,更何况漏液因素的多样化给准确判断带来一定困难。若钻孔进入垮落带以前,冲洗液早已完全漏失,就无法以冲洗液漏量作为衡量的标志。应根据钻进过程中的异常现象,如探钻、漏风等,以及岩芯破碎情况来分析判断钻孔的冒落顶点。"两带"高度计算示意如图6-2所示。

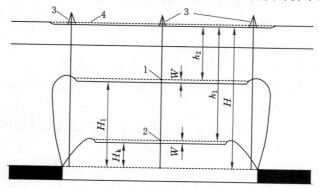

图 6-2　垮落带、裂缝带高度计算示意图

1——裂缝带起点;2——垮落带起点;3——观测钻孔;4——开采前地表

——钻孔分段注水法。采用"钻孔双端封堵漏装置",观测系统如图6-3所示。该系统在结构上有两条通路,充气通路和注水通路。由高压气体瓶充气控制台和孔内封堵胶囊组

成充气通路;由高压水、注水控制台、进水推杆和孔内注水探管组成注水通路。首先通过充气通路给胶囊一定压力的气体使其膨胀,封堵孔内所在孔段的两端;然后通过注水通路给胶囊向封堵段恒压注水,由注水控制台控制水压并读取注水流量。每测定一个孔段后,将封堵器的胶囊卸压,收缩卸压后,移至下一测段继续进行注水观测,直到测出整个钻孔各段的漏失量。根据漏失量变化情况确定围岩破坏范围。

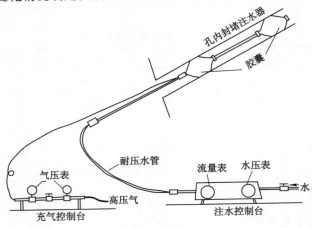

图 6-3　钻孔分段注水观测系统图

　　——岩层移动钻孔探测法。利用压缩木遇水膨胀的特性,将压缩木安设在钻孔预定的位置,制成固定测点。因钻孔内充水,一段时间后,压缩木膨胀与孔壁围岩紧贴在一起,两者之间无相对位移,压缩木将随岩体的移动而移动。每个测点用钢丝连接至孔口测量装置,直接测量相对孔口的位移差,来分析判断采场围岩移动破坏规律。

　　——钻孔超声成像探测法。钻孔超声成像可以获得钻孔孔壁结构形态的连续柱状展开图像,根据图像显示的裂隙形态可以确定裂隙的宽度、倾向和倾角。根据图像的明暗程度可以反映孔壁的软硬,区分岩性。因其对岩体裂隙反映清楚直观,方便广泛用于探测围岩岩体的裂隙发育情况,是现代钻孔成像测量方法中较好的一种。

　　——孔间无线电波透测法。孔间无线电波透测法是研究频率为 0.1～100 MHz 的电磁波在地下介质中的传播规律,以达到探查地下地质情况的目的。

　　——电视成像探测技术。是一种较为形象直观的成像探测技术。主要是通过探头在钻孔中任意位置获得的图像信息,输送到计算机或电视屏幕上,直接观测钻孔中的裂隙发育情况和破坏深度,实现"两带"观测的精确定位。

　　另外,还有其他一些方法,如比色法、电测井法等。本次测试,从确保安全可靠度方面考虑,确定采用电视成像探测技术。

　　② 观测方案设计

　　a. 探测孔布置

　　设计确定在 43下02 辅助运输巷,向 43下03 工作面采空区打 3 个钻孔,如图 6-4 所示。其钻孔的相关数据为:

　　钻孔倾角:1 号钻孔为 50°;2 号钻孔为 60°,3 号钻孔为 70°。

　　钻孔布置:3 个孔呈扇形布置,孔口间距以便于钻孔施工和钻孔维护为宜,一般为 0.2～

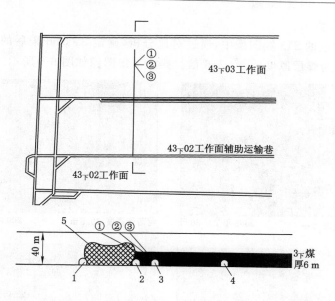

图 6-4 垮落带观测钻孔布置图

1——43下03 工作面胶带运输巷;2——43下03 工作面辅助运输巷;

3——43下02 工作面辅助运输巷;4——43下02 工作面胶带运输巷;

5——预测 43下03 工作面 3下煤层开采垮落带;①②③——钻孔编号

0.5 m。钻孔距 3下辅运巷 125 m。

钻孔深度:以预测垮落带高度为准,其钻孔斜长应不小于预测数值,故 1 号钻孔斜长 52.2 m,2 号钻孔斜长 46.2 m,3 号钻孔斜长 42.6 m。

b. 仪器安装与调试

为了获取钻孔任意位置的图像信息,设计采用柔性升降装置,如图 6-5 所示。首先在钻孔端部锚固固定装置,钢丝绳穿过在固定装置上设置的滑轮,并与孔口处滑轮相连,形成柔性升降装置。成像仪探头固定在一侧钢丝绳上。

c. 图像的采集

随着探头的升降,在图像接收器上可清楚直观地获得整个钻孔围岩采动影响图像信息。图像采集时应分几步进行:第一步,先升降图像探头沿整个钻孔往返 1～2 次,从宏观上获得整个钻孔围岩情况;第二步,分析整个钻孔资料信息,对发生采动影响的突出部位进行定位采集图像;第三步,将获得的大量图像信息进行归纳汇总存档,注明每幅图像采集时间、地点、层位等,为后续分析对比保留可靠的基础依据;第四步,分析、对比采集图像,然后确定"两带"高度分布范围。

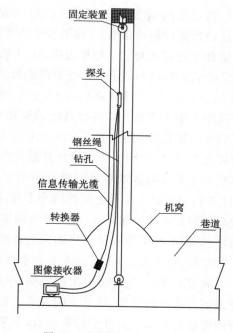

图 6-5 仪器升降装置示意图

d. 探测成果分析

在现场实测获取的 213 幅图像中,通过对比分析,确定 $3_下$ 煤开采后的实测垮落带高度为 18.6～21.7 m,为煤层厚度的 3～3.5 倍。典型采集图像如图 6-6 所示。

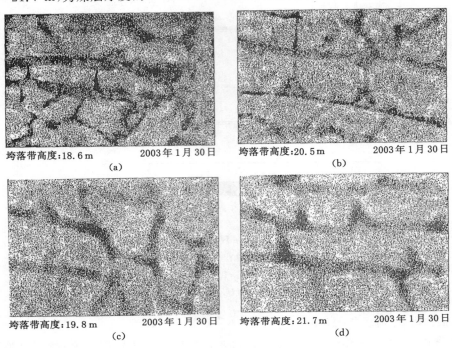

| 垮落带高度:18.6 m | 2003 年 1 月 30 日 |
(a)

垮落带高度:20.5 m　　2003 年 1 月 30 日
(b)

垮落带高度:19.8 m　　2003 年 1 月 30 日
(c)

垮落带高度:21.7 m　　2003 年 1 月 30 日
(d)

图 6-6　不同高度垮落带分布情况

通过采用"上行开采判定三原则"中的原则之二,即层间距是否大于垮落带高度,对不满足比值的采动影响倍数 K 和围岩平衡等传统理论上行开采要求的 13 个钻孔进行理论计算判定和实测对比判定。结果表明,13 个钻孔中层间距大于理论计算最大垮落带高度的钻孔有 7 个,占 53.8%,层间距小于理论计算的最大垮落带高度的 6 个分别是:C6-5、C11-9、C12-8、C1-3、C4-10 和 C6-1,占 46.2%。按照现场实测垮落带最大高度 21.7 m 进行判别,层间距大于实测最大垮落带高度的钻孔有 7 个,占 53.8%,层间距小于实测最大垮落带高度的 6 个钻孔分别是:C6-5、C11-9、C12-8、C1-3、C4-10 和 C6-1。为了保证 $3_上$ 煤层上行开采的可靠度,取层间距小于理论计算最大垮落带高度和小于实测最大垮落带高度的合集,即层间距小于最大垮落带高度的钻孔共有 7 个,分别是:C6-5、C11-9、C12-8、C1-3、C4-10、C6-1 和 C2-4,对于以上 7 个层间距既小于理论计算的最大垮落带高度又小于现场实测最大垮落带高度的钻孔能否保证 $3_上$ 煤层位于规则垮落带内,需要采用"上行开采判定三原则"中的原则之三,即上煤层是否位于规则垮落带范围进行判定。

6.3.2.3　原则之三:上煤层是否位于规则垮落带范围

通过采用"上行开采判定三原则"中的原则之一和原则之二对 3 组煤 76 个钻孔的上行开采可行性进行分析,结果表明有 6 个钻孔不能够满足上行开采要求。对于这 6 个钻孔是否能够最终满足上行开采的要求,以下采用"上行开采判定三原则"中的原则之三,即 $3_上$ 煤层能否位于规则垮落带范围内或者说 $3_上$ 煤层能够位于不规则垮落带之上进行判定。采用原则之三进行判定的判定计算结果如表 6-11 和表 6-12 所示。

表 6-11　　　　　　　　　　　　　位于规则垮落带之上的钻孔

钻孔号	层间距 H/m	$3_{下}$煤厚 /m	采出煤厚（采出率 0.85）/m	残留高度 C/m	下沉量 S_0/m	h_p /m	H_p /m	H_{max} /m	$H_b = 6+(M_1+M_2)$ /m
C6-1	21.92	7.58	6.44	1.25	1.29	8.00	28.16	24.45	13.58
C11-9	17.29	5.13	4.36	0.85	0.87	6.00	19.65	20.01	11.13
C12-8	17.29	5.13	4.36	0.85	0.87	6.00	19.65	20.01	11.13
C4-10	20.24	5.75	4.89	0.95	0.98	6.00	21.30	21.28	11.75
C1-3	17.26	4.32	3.67	0.71	0.73	6.00	17.49	18.18	10.32

表 6-12　　　　　　　　　　　　　位于规则垮落带之下的钻孔

钻孔号	层间距 H/m	$3_{下}$煤厚 /m	采出煤厚（采出率 0.85）/m	残留高度 C/m	下沉量 S_0/m	h_p /m	H_p /m	H_{max} /m	$H_b = 6+(M_1+M_2)$ /m
C6-5	9.87	7.17	6.09	1.18	1.22	8.00	27.07	23.80	13.17

由表 6-11 和表 6-12 的计算结果可以看出,完全不满足原则之三的钻孔只有 C6-5,对于基本满足原则三的 C11-9、C12-8、C1-3、C4-10、C6-1 和 C2-4 钻孔能否适合上行开采,需要根据各个钻孔的岩性构成进行分析以判断是否满足以下两个条件:

（1）层间岩性具有适合的岩性构成和厚度比,符合关系式:

$$\Delta h = 3.819\,3\left(\frac{H_r}{H}\right)^2 - 7.788\,3\frac{H_r}{H} + 3.944\,7 \tag{6-5}$$

$$\Delta h = 4.030\,4\left(\frac{H_y}{H}\right)^2 - 10.685\frac{H_y}{H} + 6.579\,6 \tag{6-6}$$

（2）台阶错动比值 λ_T 不大于其台阶错动比值阀值 λ_T^f,即 $\lambda_T \leqslant \lambda_T^f (\lambda_T^f = 0.2 \sim 0.3)$。

当基本满足原则三的 6 个钻孔能够满足以上两个条件时,则判定为可以进行上行开采区域;当基本满足原则三的 6 个钻孔不能够满足以上两个条件时,则判定为不可进行上行开采区域。

6.3.3　总体评价

通过采用"上行开采判定三原则"对 $3_{上}$煤层上行开采区域 76 个钻孔的上行开采可行性进行逐级判别,判别的结果显示只有 C6-5 钻孔完全不满足上行开采条件,即该处 $3_{上}$煤层位于不规则垮落带内,属于不可进行上行开采区域。另外有 6 个钻孔处 $3_{上}$煤层位于规则垮落带内,能否上行开采还要对其岩性构成条件进行进一步的分析判定。由于这 6 个钻孔的岩性构成未给出,从提高上行开采可靠度的角度出发,这里把 6 个钻孔视为上行开采的临界区。因此,把井田内 $3_{上}$煤层不可进行上行开采的钻孔分布用圆圈标记,如图 6-7 至图 6-9 所示。从图中可以看出,井田内 $3_{上}$煤层总体适合上行开采。

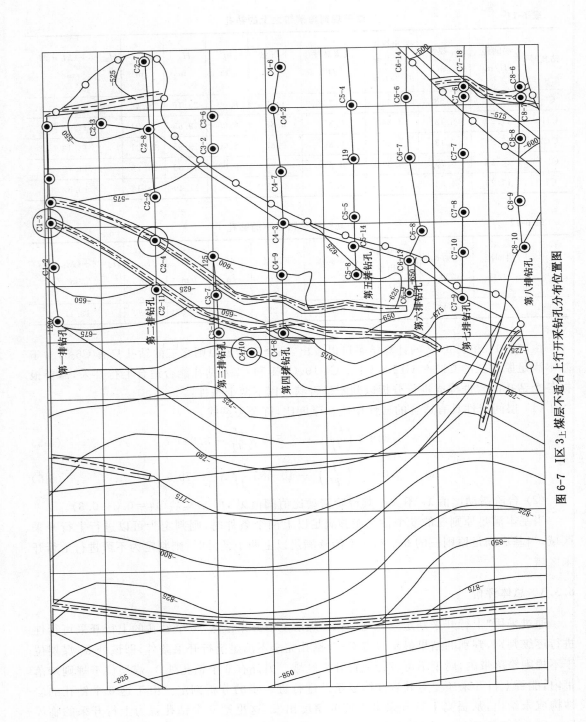

图 6-7　Ⅰ区 3上煤层不适合上行开采钻孔分布位置图

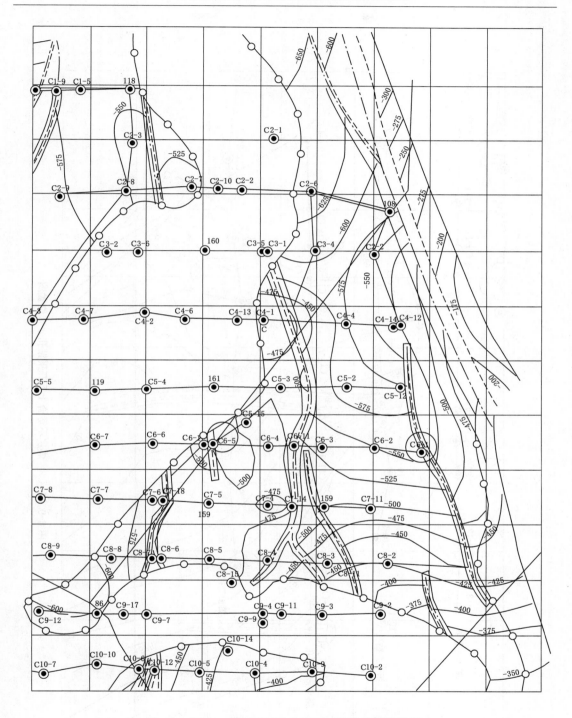

图 6-8　Ⅱ区 $3_上$ 煤层不适合上行开采钻孔分布位置图

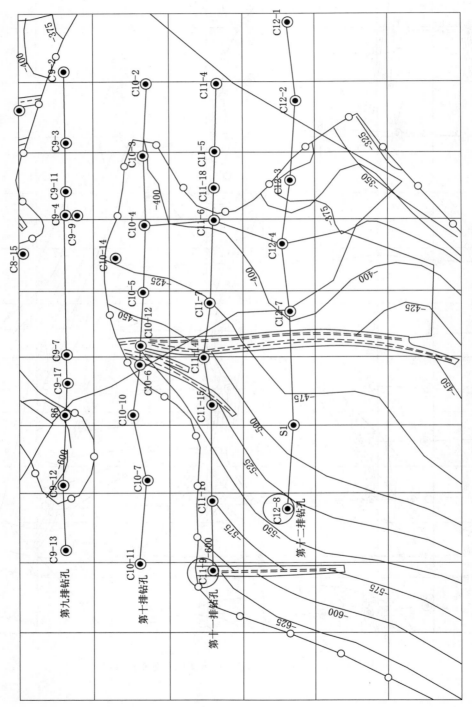

图 6-9　Ⅲ区 3$_上$煤层不适合上行开采钻孔分布位置图

6.4 现场研究的内容和方案

6.4.1 上行开采工作面的地质及生产技术条件

6.4.1.1 工作面地质条件

$43_{上}03$ 工作面是济宁三号煤矿第一个放顶煤条件下上行开采工作面,井下位置位于四采区西部,$3_{上}$ 辅助运输巷的北侧。西临八里铺东断层,东临 $43_{上}02$ 工作面(未准备),南至设计停采线($3_{上}$ 辅助运输巷以北140 m为设计停采线),北至切眼与 $3_{上}$ 煤冲刷边界最近5 m,工作面位置如图6-10所示,其中,$43_{上}03$ 工作面辅助运输巷相对于 $43_{下}03$ 工作面辅助运输巷内错5.0 m。

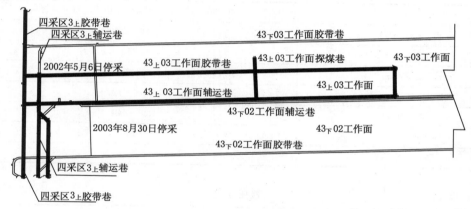

图 6-10 $43_{上}03$ 工作面位置示意图

该工作面所采煤层为山西组 $3_{上}$ 煤层,煤层厚度 0.50～2.00 m,平均 1.65 m,煤层厚度较稳定,层状构造,靠近西北部煤层局部冲刷变薄。工作面煤层顶板无伪顶,直接顶为泥岩及粉砂岩,平均厚度 2.80 m,基本顶为粉砂岩及粉细砂岩互层,平均厚度 8.50 m;直接底为泥岩,厚度 0.51～3.0 m,老底为粉砂岩,厚度 1.44～4.07 m。该工作面在两巷、探巷及切眼施工过程中,共揭露断层9条,辅助巷揭露断层有:HF_6、HF_7;胶带巷揭露断层有:HF_{16}、HF_{17}、HF_{18}、HF_{19};探巷揭露断层有:HF_{10};切眼揭露断层有:HF_{15}、HF_{16};其中,对回采影响较大的断层有:HF_{15}、HF_{16}、HF_{18}、HF_{19}。工作面岩层柱状如图6-1所示。

6.4.1.2 工作面生产技术条件

$43_{上}03$ 工作面为济宁三号煤矿第一个上行开采试验工作面,该工作面面长为 69.55 m,推进长度为 775.16 m,设计回采率不低于95%,设计月生产能力为4万t,可采期约2.8个月。$43_{上}03$ 工作面下方的 $3_{下}$ 煤层已于 2002 年 5 月 6 日回采完毕,$3_{上}$ 煤层、$3_{下}$ 煤层间距 32.3～41.79 m,平均间距 36.03 m。

(1)生产工艺

① 采煤方法

$43_{上}03$ 工作面采用走向长壁综采一次采全高采煤法,全部垮落法管理顶板。

② 采煤工艺

工艺流程:割煤→移架→推刮板输送机→割煤。

落煤方式:采用双滚筒电牵引采煤机割煤。

进刀方式:采用中部斜切进刀方式。

采煤机的进刀采用中部自开缺口、斜切进刀的方式,斜切进刀段长度为 25 m,进刀深度 0.8 m。

(2)工作面主要配套设备

根据 $43_{上}03$ 工作面煤层赋存的地质条件,工作面选用的配套设备主要包括采煤机、刮板输送机、液压支架、转载机、可伸缩胶带运输机等。主要配套设备参数如表 6-13 至表 6-17 所示。

表 6-13 采煤机

型号	MG250/556—WD 型薄煤层电牵引滚筒采煤机
采高/mm	1 100～2 200
滚筒直径/mm	1 250
截深/mm	800
牵引速度/(m/min)	0～6～12
牵引力/kN	220～440
电压/V	1 140
装机功率/kW	556

表 6-14 液压支架

项目	中间支架	端头支架
型号	ZY4000/10/23	ZYG4300/13/26
支架高度/mm	1 000～2 300	1 300～2 600
支架宽度/mm	1 420～1 590	1 420～1 590
中心距/mm	1 500	1 500
初撑力/kN	2 511～3 359	2 511～3 359
工作阻力/kN	2 926～3 913	3 159～4 221
支护强度/MPa	0.48～0.64	0.55～0.60

表 6-15 胶带巷可伸缩胶带运输机

型号	DSJ100/100/3×200
运输能力/(t/h)	1 000
带宽/mm	1 000
带速/(m/s)	2.8
电压/V	1 140
功率/kW	3×200

表 6-16 转载机

型号	SZZ—800/200
运输能力/(t/h)	1 800
长度/m	约 36
电压/V	1 140
功率/kW	200

表 6-17 刮板输送机

型号	SGZ800/630
运输能力/(t/h)	1 200
链速/(m/s)	1.1
电压/V	1 140
功率/kW	2×315

（3）工作面巷道布置及参数

43$_上$03 工作面东巷为辅助运输巷,用于进风及运输设备、配件、材料等,在其内靠近工作面侧布置移动变电站。西巷为胶带运输机巷,用于回风、煤流运输,在其内远离工作面侧布置胶带运输机。两巷原则上沿煤层顶板掘进。

43$_上$03 工作面所有回采巷道均采用矩形断面。辅助运输巷净宽 4 000 mm,净高 2 600 mm,净断面积 10.4 m^2;胶带运输巷净宽 4 000 mm,净高 2 400 mm,净断面积 9.6 m^2;切眼正常段净宽 6 500 mm,机窝段最大净宽 8 000 mm,净高 2 600 mm。如图 6-11 所示。

采用锚网支护作为永久支护形式,顶板条件较差处增加锚索加强支护。锚杆采用左旋无纵筋高强度螺纹钢锚杆,顶板锚杆规格为 ϕ22 mm×2 200 mm,帮部锚杆规格为 ϕ20 mm×1 800 mm;树脂锚固剂型号为 CK2340 和 K2340 两种,锚杆均为全长锚固,顶板锚杆设计锚固力大于等于 150 kN,帮部锚杆设计锚固力大于等于 100 kN;网子为 10$^\#$ 铁丝编织的菱形金属网,网格 50 mm×50 mm,配合 ϕ10 mm 圆钢加工的 70 mm 宽钢筋梯使用;锚索规格为 ϕ18 mm×6 200 mm,锚深 6 000 mm,设计锚固力大于等于 180 kN,预紧力 80 kN,如图 6-11 所示。

6.4.2 现场观测内容

上行开采煤层由于处在下层煤开采的采动覆岩内,因此,下层煤开采后,覆岩的破坏情况及其相对完整性程度对于上层煤的开采具有重要的影响。3$_上$煤层在放顶煤工艺条件下进行上行开采在国内外尚属首次。

3$_上$煤层在受到 3$_下$厚煤层开采影响后的采场与巷道矿压显现规律、工作面和巷道围岩裂隙发育情况、煤层的完整性情况、矿山压力的变化规律等,可为研究放顶煤工艺条件下上行开采的合理层间距和可开采条件以及合理的工作面布置提供依据,为上行开采工作面液压支架的选型提供理论支持。

针对 3$_下$煤层采空区上方 3$_上$不稳定煤层的开采方法进行了探索和研究。通过对布置在 3$_下$煤层上方采空区内的 3$_上$煤层综采效果进行研究和分析,弄清楚影响放顶煤条件下上行开采的主要因素,什么是影响放顶煤条件下上行开采的最大障碍,了解放顶煤条件下上行开

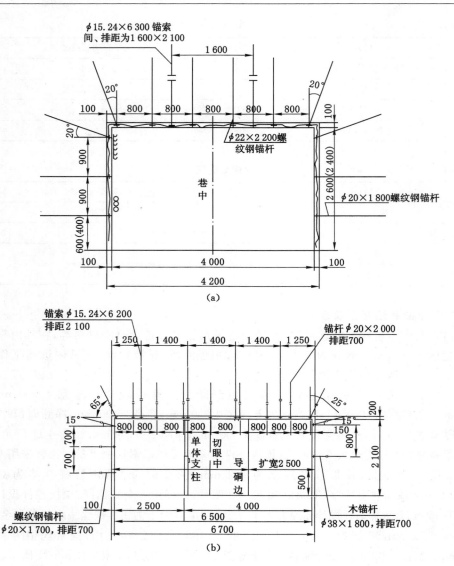

图 6-11　$43_{上}03$ 工作面巷道切眼支护断面

(a) 工作面辅运巷(胶带运输巷)支护断面;(b) 工作面切眼支护断面

采的机理。

根据以上研究目的及工作面地质与生产技术条件,主要研究内容如下:

(1) 巷道围岩变形规律;

(2) 巷道围岩深部位移规律;

(3) 巷道和工作面采动裂隙变化规律;

(4) 工作面超前支承压力分布规律;

(5) 工作面矿压显现规律;

(6) 工作面的支架承载特征及适应性;

(7) 工作面冒顶、台阶错动及煤层的完整性。

6.4.3 现场观测方案

6.4.3.1 围岩变形规律观测

第 1 测区布置在距工作面 30 m 处,第 2 测区布置在距工作面 60 m 处,第 3 测区布置在距工作面 90 m 处,以此类推,每隔 30 m 布置一个测区。按照图 6-12 所示的测点布置,用钻机在顶底板及两帮钻直径 42 mm、深 380 mm 垂直围岩表面的孔,将长度为 400 mm、直径为 42 mm 的木楔用手锤钉入孔中,并在木楔端部安设平头测钉,平头测钉与木楔端部齐平并应突出煤岩壁 2~3 mm,以便于测读。

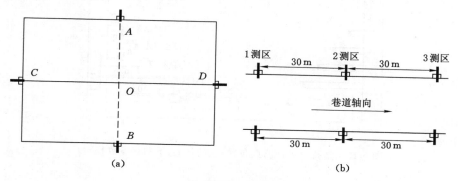

图 6-12 巷道表面位移测点布置

(a) 纵剖面示意图;(b) 横剖面示意图

6.4.3.2 工作面超前支承压力观测

在上下巷靠工作面煤壁一帮距工作面 50 m 开始依次布置 5 个测区,测区间距为 50 m,每个测站布置 5 排钻孔,钻孔高度距底板 1.0 m,钻孔直径 42 mm,钻孔深度分别为 2 m、4 m、6 m、8 m、10 m,钻孔间距为 1.5 m,每孔内布置 1 台 KSE—Ⅱ—1 型钻孔应力计。钻孔及应力计的布置方式及参数如图 6-13 所示。

6.4.3.3 工作面矿压显现规律及支架适应性观测

沿工作面倾斜方向在上、中、下三个部位布置电脑圆图仪测区。每隔两架安设一台电脑圆图仪,用以连续采集记录支架两立柱循环阻力变化。上、下两测区各布置两架,分别设在 $45^\#$、$48^\#$ 和 $3^\#$、$5^\#$ 支架上;中部测区布置三架支架,分别设在 $21^\#$、$24^\#$、$27^\#$ 支架上。电脑圆图仪的布置方式如图 6-14 所示。

6.4.3.4 采动裂隙变化观测

(1) 采动裂隙变化观测位置

采动裂隙变化观测位置分别在 $43_{\text{上}}03$ 工作面辅助运输巷和 $43_{\text{上}}03$ 工作面胶带运输巷进行,如图 6-15 所示。

(2) 采动裂隙变化观测对象示意图

根据采动裂隙在辅助运输巷和胶带运输巷内发育位置的不同,将其分为顶板裂隙和帮部裂隙两类,图 6-16 所示为沿巷道轴向剖视示意图。观测的手段主要通过皮尺和钢卷尺进行测量。其中,顶板只作一次性统计观测,观测内容包括:两巷道内顶板裂隙带发育的位置(相对于导向点)、带数和两裂隙带之间的距离等,并将统计结果绘制成图;帮部裂隙是重点观测对象,观测的方式采取动态多次观测,即根据裂隙带相对于工作面煤壁距离的变化每日

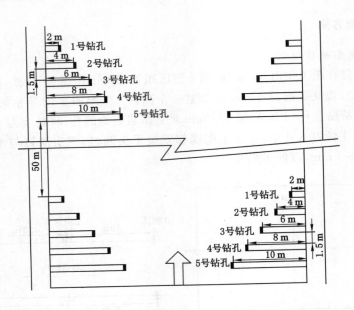

图 6-13　钻孔应力计测点布置示意图(上、下两巷参数相同)

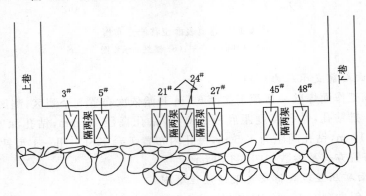

图 6-14　工作面测点布置示意图

观测一次,观测的内容包括:裂隙带内的裂隙条数、裂隙相对于垂直方向的倾角、裂隙发育长度以及裂隙上中下部的宽度等。

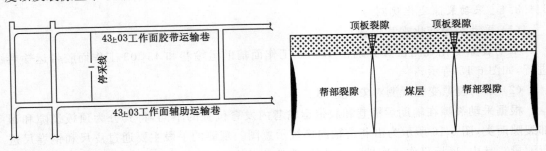

图 6-15　采动裂隙变化观测位置示意图　　　　图 6-16　采动裂隙观测示意图

6.4.3.5 工作面端面片帮、冒顶和煤层台阶错动观测

(1) 工作面片帮观测

工作面片帮状态观测安排在检修班,利用钢卷尺(或测杆)在发生片帮的区域测量如图 6-17 所示的片帮深度 a、片帮宽度 b、片帮高度 h、片帮位置距下巷距离 L(片帮区中心至下巷中心距离)等顶煤破坏参数。工作面片帮观测示意图,如图 6-17 所示。

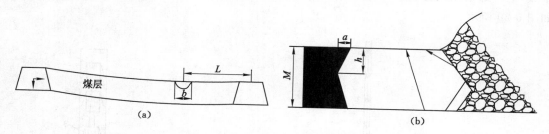

图 6-17 工作面片帮观测示意图
(a) 平行工作面倾向方向;(b) 垂直工作面倾向方向

(2) 工作面冒顶观测

工作面冒顶状态观测安排在检修班,利用钢卷尺(或测杆)在发生冒顶的区域测量图 6-18 所示的冒顶宽度 b'、冒顶位置距下巷距离 L'(冒顶区中心至下巷中心距离)等顶煤破坏参数。工作面冒顶观测,如图 6-18 所示。

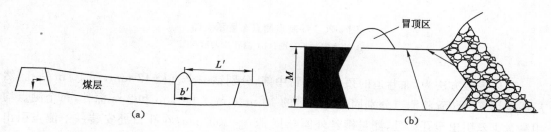

图 6-18 工作面冒顶观测示意图
(a) 平行工作面倾向方向;(b) 垂直工作面倾向方向

(3) 工作面煤层台阶错动观测

当发生工作面台阶错动现象时,及时记录下相应的位置。在采取相应的安全措施之后使工作面继续向前推进,当推进见到煤层底板时,再次及时记录下相应的位置。根据工作面推进长度记录下水平距离 L,同时使用钢尺测量出两处地板的垂直落差 h,完成工作面台阶错动观测。工作面台阶错动观测示意图,如图 6-19 所示。

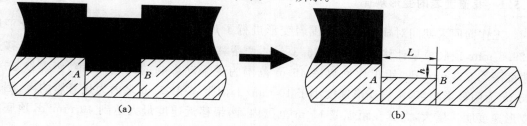

图 6-19 工作面台阶错动观测示意图

6.4.3.6 巷道围岩深部位移观测

为全面考察巷道围岩深部位移变化情况,现场观测采用 KDX—1 机械式多点位移计对巷道进行观测。在上下巷距工作面 50 m 开始依次布置 5 个测站,测站间距为 50 m。每个测站布置 3 个测孔(顶板、左帮、右帮各 1 个),3 个测孔在同一个剖面内,每个测孔布置 5 个基点,最浅部基点深 2 m,最深部基点深 10 m,相邻两个基点间隔 2 m。多点位移计的布置,如图 6-20 所示。

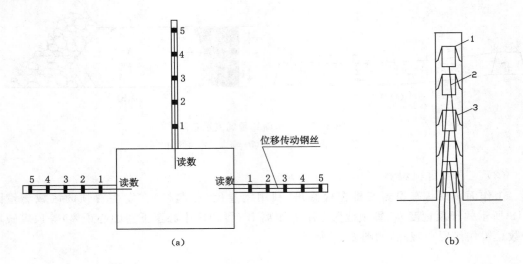

图 6-20 深基点测点布置示意图

(a) 整体安装示意图;(b) 测孔放大示意图

具体安装方法为,在巷道的顶板和两帮中部,分别钻一个直径 42 mm,深 10 m 钻孔,然后用专用安装装置将测点分别固定于孔中的 10 m、8 m、6 m、4 m 和 2 m 深处,每个测点均用测量钢丝引出至孔口处,测量钢丝外露长度 180～200 mm,在孔口处安装一个测点引出套,并将每个测量钢丝作上基点深度标记。由于测点引出套和巷道顶板表面同时运动,因而引出套的下孔口平面即作为测量的基准点,每次测量的变化量为各基点相对孔口平面的位移量。

6.5　上行开采工作面巷道围岩变形破坏规律

6.5.1　巷道围岩的变形规律

工作面回采期间对辅助运输巷围岩变形进行了观测,分析表明:两帮累计移近量平均 129.5 mm,顶底板累计移近量平均 66.3 mm,两帮移近速度平均 14.8 mm/d,顶底板移近速度平均 6.3 mm/d。距工作面煤壁 45 m 范围为受采动影响的区域,其中,距煤壁 25～45 m 为明显影响区,围岩变形速度小于 10 mm/d,而距煤壁 25 m 之内为显著影响区,围岩变形速度明显增大,尤其在距煤壁 15 m 范围内,两帮移近速度最大达到 40 mm/d,顶底板移近速度最大达到 16.3 mm/d。如图 6-21 所示。

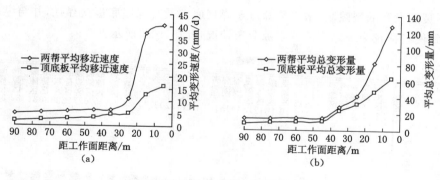

图 6-21 巷道围岩变形曲线图
(a) 平均变形速度;(b) 平均总变形量

实测分析表明,巷道东西两帮和顶底板的变形具有不同的趋势。巷道东帮平均累计移近量 47.25 mm,占总移近量的 36.5%,西帮平均累计移近量 82.25 mm,占总移近量的 63.5%;顶板下沉量平均 40.25 mm,占顶底板总移近量的 60%,底鼓量平均 26 mm,占总移近量的 40%。见表 6-18。

表 6-18   43$_{上}$03 工作面辅助运输巷围岩表面变形分布特征表

两帮累计移近量	129.5 mm	东帮移近量	47.25 mm	占总移近量的 36.5%
		西帮移近量	82.25 mm	占总移近量的 63.5%
顶底累计移近量	66.25 mm	顶板下沉量	40.25 mm	占总移近量的 60%
		底鼓量	26.00 mm	占总移近量的 40%

注:西帮为工作面煤体一侧。

由此可见,由于受 3$_{下}$煤层开采的影响,3$_{上}$煤层的完整性受到破坏,压力得到释放,3$_{上}$煤层巷道两帮的塑性区增大。因此,在回采期间受采动影响后,巷道围岩的累计变形量总体不大,尤其底鼓量不明显。两帮的移近量是影响巷道断面收敛变形的主要因素,而且以靠工作面侧煤帮的变形为主。在邻近工作面时,煤帮的变形速度往往会偏大,距工作面 25 m 范围是围岩的主要变形区。

6.5.2 巷道围岩裂隙变化规律分析

根据裂隙区观测数据,43$_{上}$03 工作面辅助运输巷裂隙较为发育,从切眼至停采线共有 31 处宏观裂隙区。大部分为规则裂隙区,所谓规则裂隙区是指仅有纵向裂隙发育的裂隙区。裂隙区平均间距 20~25 m,裂隙区平均宽度 3~5 m,裂隙区内顶板比较破碎,看不清具体裂隙产状、方位和角度,但两帮裂隙清晰可见,绝大部分为纵向斜交裂隙,偶见水平离层裂隙,斜交裂隙沿走向平均密度为 3~4 条/m,裂隙长度 500~1 600 mm,裂隙深度 5~10 mm,裂隙宽度 5~30 mm,其中,绝大部分裂隙中部最宽,从中部向两端宽度逐步减小,并在裂隙两端闭合,也有少量裂隙上下端均不闭合,并贯穿整个煤层;大部分裂隙垂直煤层顶底板,部分斜交与煤层顶底板呈 60°~85°夹角。另有部分裂隙交叉发育,并伴生次一级的微裂隙。水平离层裂隙多在不规则裂隙区内可见,所谓不规则裂隙区是指既有纵向裂隙发育又有水平裂隙发育的裂隙区,水平裂隙位于煤层底部及与煤层底板交界处,并与纵向裂隙交叉发育,致使巷帮较为破碎。两巷裂隙分布情况,如图 6-22 所示。

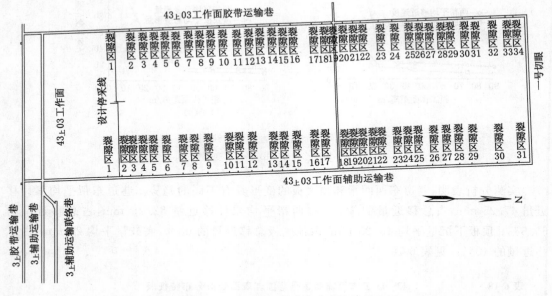

图 6-22   43上03 工作面回采巷道裂隙区分布图

43上03 工作面胶带运输巷和辅助运输巷裂隙区基本对应,从停采线至切眼共有 34 处宏观裂隙区,平均间距 20～25 m,裂隙区平均宽度 3～5 m,相比于辅助运输巷,胶带运输巷裂隙发育不充分,整体也更为规则,基本全部为斜交裂隙,没有发现明显的水平离层裂隙。裂隙长度绝大部分在 500～600 mm,少数长达 1 000 mm,上下完全闭合,裂隙宽度 2～10 mm,沿走向裂隙平均密度为 1～2 条/m,大部分裂隙垂直煤层顶底板。

从所统计的两巷裂隙区分布情况来看,基本与 3下 煤开采时的周期来压步距吻合,说明 3上 煤层位于 3下 煤层开采形成的裂缝带范围内。

胶带运输巷和辅助运输巷两帮纵向裂隙长度发育随工作面推进变化趋势,如图 6-23 所示。从图中可以看出如下规律:

(1)纵向裂隙长度的变化区间基本集中在工作面前方 20～50 m 范围内,主要受工作面超前支承压力峰值区的影响;

(2)对比图 6-23(a)和图 6-23(b),整体上辅助运输巷裂隙长度发育程度要大于胶带运输巷,这主要是由于辅助运输巷位于 3下 煤层巷道保护煤柱上方内侧,受 3下 煤层开采引起的倾向移动盆地边界角的影响,巷道围岩受拉倾向较为明显,而胶带运输巷位于 3下 煤层移动盆地的中部,巷道围岩受压倾向较为明显。

6.5.3   巷道围岩深部位移特征分析

巷道围岩深部位移观测数据分析示意图,如图 6-24 所示。从图 6-24 可以看出,顶板离层指示仪安装完毕后,从孔口基点至各测点的深度 L_1、L_2、L_3、L_4 和 L_5 是定值,当巷道围岩出现变形,各测点相对孔口基点位移量不一致时,则各测点至孔口基点长度就会增大,即 L_1、L_2、L_3、L_4 和 L_5 的值增大,其增大值即为各测点相对孔口基点的位移量。由于 L_1、L_2、

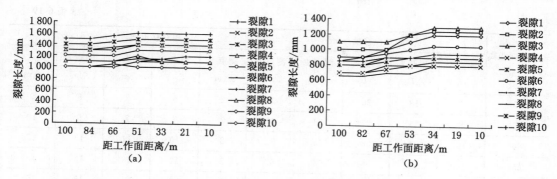

图 6-23 巷道两帮纵向裂隙随工作面推进变化趋势

(a) 辅助运输巷裂隙变化趋势;(b) 胶带运输巷裂隙变化趋势

L_3、L_4 和 L_5 的变化量在实测过程中不能直接量取,所以在实际测量中用孔口基点至测量钢丝末端之间距离 l_1、l_2、l_3、l_4 和 l_5 的变化来反映 L_1、L_2、L_3、L_4 和 L_5 的变化量。即 L_1、L_2、L_3、L_4 和 L_5 的变化量与 l_1、l_2、l_3、l_4 和 l_5 的变化量之间有如下关系:

$$\Delta L = L - L' = l - l'$$

式中 ΔL——测点相对基点位移量;

L,L'——相邻两次测点深度;

l,l'——相邻两次测量长度。

根据上述关系式所得测量数据统计结果,见表 6-19 和表 6-20。

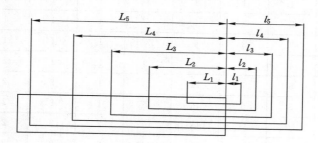

图 6-24 数据分析示意图

L_1,L_2,L_3,L_4,L_5——测点深度;l_1,l_2,l_3,l_4,l_5——测点测量读数

表 6-19　　　　　**43上03 工作面辅助运输巷煤壁帮测量数据统计结果**

距工作面距离 /m	相对位移量/mm					相对移近速度/(mm/d)				
	测点 1 ΔL_1	测点 2 ΔL_2	测点 3 ΔL_3	测点 4 ΔL_4	测点 5 ΔL_5	测点 1 Δv_1	测点 2 Δv_2	测点 3 Δv_3	测点 4 Δv_4	测点 5 Δv_5
170	0	0	0	0	0					
155	1	3	3	4	4	1	3	3	4	4
140	2	7	8	10	11	1	4	5	6	7
125	4	12	13	16	18	2	5	5	6	7

距工作面距离 /m	相对位移量/mm					相对移近速度/(mm/d)				
	测点 1 $\triangle L_1$	测点 2 $\triangle L_2$	测点 3 $\triangle L_3$	测点 4 $\triangle L_4$	测点 5 $\triangle L_5$	测点 1 $\triangle v_1$	测点 2 $\triangle v_2$	测点 3 $\triangle v_3$	测点 4 $\triangle v_4$	测点 5 $\triangle v_5$
110	6	18	20	24	27	2	6	7	8	9
95	8	24	27	33	37	2	6	7	9	10
80	10	34	38	45	52	2	10	11	12	15
65	12	44	50	58	67	2	10	12	13	15
50	14	56	64	73	82	2	12	14	15	15
35	17	70	79	88	97	3	14	15	15	15
20	20	84	94	104	114	3	14	15	16	17

表 6-20   43$_\perp$03 工作面胶带运输巷煤壁帮测量数据统计结果

距工作面距离 /m	相对位移量/mm					相对移近速度/(mm/d)				
	测点 1 $\triangle L_1$	测点 2 $\triangle L_2$	测点 3 $\triangle L_3$	测点 4 $\triangle L_4$	测点 5 $\triangle L_5$	测点 1 $\triangle v_1$	测点 2 $\triangle v_2$	测点 3 $\triangle v_3$	测点 4 $\triangle v_4$	测点 5 $\triangle v_5$
170	0	0	0	0	0					
155	0	0	0	1	1	0	0	0	1	1
140	1	1	1	2	3	1	1	1	1	2
125	2	2	2	4	5	1	1	1	2	2
110	3	3	3	6	7	1	1	1	2	2
95	4	4	5	9	10	1	1	2	3	3
80	5	6	7	12	13	1	2	2	3	3
65	6	8	9	15	16	1	2	2	3	3
50	8	10	11	18	19	2	2	2	3	3
35	10	12	13	21	22	2	2	2	3	3
20	12	14	15	24	26	2	2	3	3	4

通过对两巷内安设的 8 组多点位移计观测数据的筛选整理,辅助运输巷和胶带运输巷靠工作面侧煤帮多点位移计所测得的位移和速度变化曲线分别如图 6-25 和图 6-26 所示。

由图 6-25 和图 6-26 可知巷道围岩变形呈现如下特征:

(1)上行开采工作面巷道围岩的超前影响范围较大,在 150 m 范围就产生明显位移,在距工作面 80 m 范围时,围岩变形速度显著,而且呈持续增大的现象。

(2)巷道围岩深部的位移速度大于浅部,说明上行开采煤层巷道围岩深部产生明显的裂隙或破裂面闭合过程,随着距工作面距离的减小,闭合程度增大,围岩变形速度趋于一致。

(3)受 3$_下$煤层工作面开采边界条件的影响,43$_\perp$03 工作面辅助运输巷的围岩变形量和变形速度明显大于胶带运输巷,而且从围岩变形速度和累计变形量看,上行开采工作面回采巷道的总体变形程度不大。

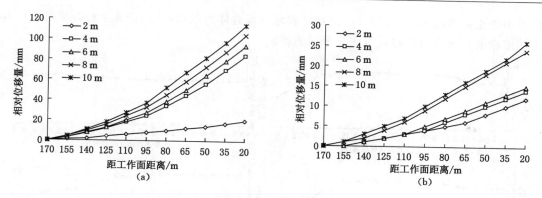

图 6-25　相对位移随工作面推进变化曲线

（a）43上03 工作面辅助运输巷相对位移；（b）43上03 工作面胶带运输巷相对位移

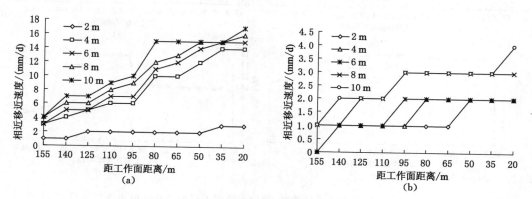

图 6-26　相对移近速度随工作面推进变化曲线

（a）43上03 工作面辅助运输巷相对移近速度；（b）43上03 工作面胶带运输巷相对移近速度

6.6　上行开采工作面矿压显现规律

6.6.1　工作面支承压力的分布规律

在工作面两巷测得的超前支承压力的分布，如图 6-27 所示。由图 6-27 可以看出，在上行开采工作面，其超前支承压力具有如下特征：（1）超前支承压力的分布形态不典型，没有明显的峰值区，支承压力影响区和原岩应力区界限不明确；（2）工作面前方 50 m 以外基本为原岩应力区；（3）超前支承压力峰值小，而且没有明显的峰值，支承压力的影响范围在工作面前方 15～50 m；（4）超前支承压力的应力集中程度较小，应力集中系数平均 1.2，最大1.64；（5）煤体内塑性区较大，从工作面前方 15 m 开始进入垂直应力降低区。

由以上特征可以看出，上行开采工作面超前支承压力分布与下行开采工作面超前支承分布在压力峰值影响范围、应力集中系数和塑性区大小等方面都有明显不同。这也说明受$3_下$煤采动影响后，$3_上$煤及顶板裂隙发育，完整性差，应力得到释放，在 $3_上$煤开采时，已处于不完整和应力释放后的上覆岩层再次经历应力调整和平衡时，作用于煤层及顶板岩层中的应力不能正常传递和转移,部分应力被已破坏的煤岩体所吸收,从而造成上行开采的 $43_{上}03$ 工作面超前支承压力分布具有明显不同的特征。

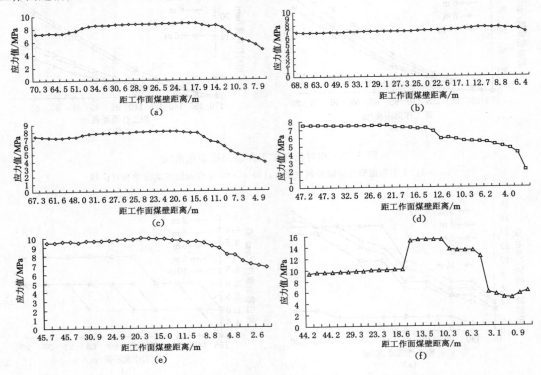

图 6-27 $43_{上}03$ 工作面胶带运输巷、辅助运输巷不同深度钻孔应力变化曲线

(a) 辅助运输巷 4 m 孔应力变化;(b) 辅助运输巷 6 m 孔应力变化;

(c) 辅助运输巷 8 m 孔应力变化;(d) 胶带运输巷 4 m 孔应力变化;

(e) 胶带运输巷 6 m 孔应力变化;(f) 胶带运输巷 8 m 孔应力变化

除对工作面超前支承压力进行重点分析之外,为更为全面地研究工作面前方支承压力分布,有必要对工作面倾斜方向的支承压力分布情况进行分析。为获得沿倾斜方向的支承压力分布,在此作如下处理:一方面,将钻孔的不同深度视为沿倾斜方向的距离;另一方面,将不同深度钻孔测得的数据组的平均值(见表 6-21)视为沿倾斜方向不同距离处的支承压力。工作面两巷测得的沿倾斜方向支承压力的分布,如图 6-28 所示。

表 6-21　　　　　　　　　不同深度支承压力平均值

深度/m	平均压力值/MPa	
	胶带运输巷	辅助运输巷
4	6.42	7.92
6	9.13	7.13
8	10.45	7.01
10	4.78	6.51

注:辅助运输巷和胶带运输巷分别位于工作面上部和下部。

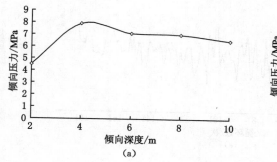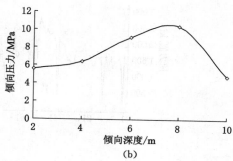

图 6-28 沿工作面倾斜方向支承压力分布
(a) 上部沿倾斜方向支承压力分布;(b) 下部沿倾斜方向支承压力分布

由图 6-28 可以看出,在上行开采工作面,沿工作面倾斜方向支承压力具有如下特征:

(1) 由于工作面上下部沿倾斜方向由煤壁至深部煤体性质过渡梯度(沿工作面倾斜方向单位长度煤体性质差异)相对较大,从而使得沿工作面倾斜方向支承压力具有相对较为明显的峰值区。

(2) 由于工作面上下部分别位于 $3_\text{下}$ 煤层工作面开采引起的移动盆地的边界和移动盆地的中部,虽然岩层的破坏较工作面中部更为破碎,但是,由于移动盆地中部受到更为强烈的范围更大的挤压破坏作用,从而使得破碎区相对于工作面上部较大,因此造成工作面下部沿倾斜方向的支承压力峰值区相对于工作面上部较深,工作面下部和工作面上部峰值区分别距煤帮 4 m 和 8 m;另外,由于 $3_\text{上}$ 煤层工作面相对于 $3_\text{下}$ 煤层工作面采取了内错布置,从而减小了 $3_\text{上}$ 煤层工作面上部破碎区的范围,这也是造成工作面上部峰值区相对于工作面下部较小的原因。

(3) 工作面下部支承压力整体上大于工作面上部支承压力,两个部位的支承压力的平均值分别为 7.27 MPa 和 6.62 MPa。

6.6.2 上行开采工作面的矿压显现规律

沿工作面倾斜方向上、中、下部分别选取 3#、5#、21#、24#、27#、45#、48# 支架布置测站,每架支架在前后柱各安设一台电脑圆图仪,用以记录支架两立柱循环阻力变化。受设备及操作的影响,3#、21#、24#、45# 支架观测所得的数据有效。

6.6.2.1 工作面顶板的活动规律

(1) 工作面下部支架支护阻力随工作面推进的变化规律

图 6-29 为工作面下部(3# 支架)支护阻力随工作面推进循环的变化规律,分析结果见表 6-22。

由表 6-22 可知,工作面下部周期来压步距最小为 9 m,最大为 20.25 m,平均 14.10 m,来压影响范围在 2.25～6.75 m,平均为 4.80 m,动载系数平均 1.08。来压期间循环末阻力平均 1 935.73 kN,时间加权阻力平均 1 346.56 kN,分别是额定工作阻力的 48.39% 和 33.46%;非来压期间循环末阻力平均 1 776.21 kN,时间加权阻力平均 1 240.60 kN,分别为额定工作阻力的 44.41% 和 31.02%。

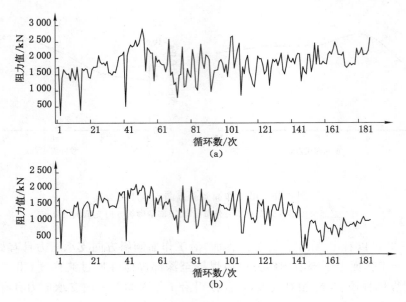

图 6-29 3# 支架阻力与循环数关系
(a) 循环末阻力；(b) 时间加权阻力

表 6-22 　　　　　　　　　　　工作面下部(3# 支架)基本顶来压规律一览表

来压次数	来压步距/m	影响范围/m	工作阻力				动载系数		
			非来压期间		来压期间		按 P_m	按 P_t	平均
			P_m/kN	P_t/kN	P_m/kN	P_t/kN			
周期来压 1	9.00	4.50	1 381.74	1 257.26	1 477.09	1 325.22	1.07	1.05	1.06
周期来压 2	20.25	6.75	1 618.30	1 463.57	1 723.10	1 588.37	1.09	1.06	1.08
周期来压 3	14.25	6.00	2 157.24	1 805.08	2 333.58	1 884.68	1.08	1.04	1.06
周期来压 4	18.00	6.75	1 711.07	1 406.33	1 731.43	1 507.10	1.08	1.04	1.06
周期来压 5	18.00	5.25	1 705.04	1 317.88	1 986.72	1 514.35	1.17	1.15	1.16
周期来压 6	12.00	2.25	1 679.16	1 281.72	1 870.28	1 431.66	1.11	1.1	1.11
周期来压 7	14.25	5.25	1 766.40	1 351.69	1 845.88	1 454.08	1.04	1.02	1.03
周期来压 8	9.00	2.25	1 803.53	854.25	1 931.08	900.84	1.07	1.05	1.06
周期来压 9	14.25	5.25	2 002.36	738.61	2 224.94	805.17	1.11	1.08	1.10
周期来压 10	12.00	3.75	1 937.23	929.64	2 233.21	1 054.16	1.15	1.08	1.12
平均	14.10	4.80	1 776.21	1 240.60	1 935.73	1 346.56	1.10	1.07	1.08

(2) 工作面中部支架支护阻力随工作面推进的变化规律

图 6-30 和图 6-31 为工作面中部支架支护阻力随工作面推进循环的变化规律，分析结果见表 6-23 和表 6-24。

分析结果表明，工作面中部周期来压步距最小为 12.75 m，最大为 32.25 m，平均约 17.7 m，来压影响范围在 2.25～9.00 m，平均为 5.06 m。

21# 架来压期间循环末阻力平均 1 898.17 kN，时间加权阻力平均 1 585.29 kN，分别为

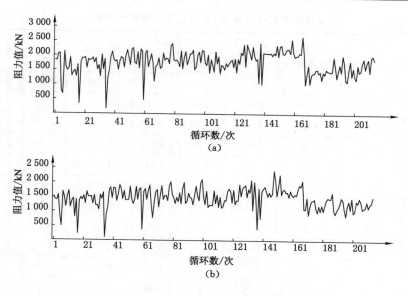

图 6-30 21#支架阻力与循环数关系

(a) 循环末阻力；(b) 时间加权阻力

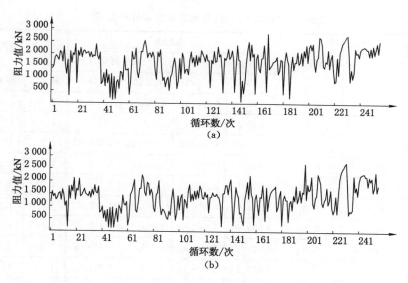

图 6-31 24#支架阻力与循环数关系

(a) 循环末阻力；(b) 时间加权阻力

额定工作阻力的 47.45% 和 39.63%；非来压期间循环末阻力平均 1 717.66 kN，时间加权阻力平均 1 425.00 kN，分别为额定工作阻力的 42.94% 和 35.63%。动载系数平均 1.11。

24#架来压期间循环末阻力平均 1 827.63 kN，时间加权阻力平均 1 462.78 kN，分别为额定工作阻力的 45.69% 和 36.57%；非来压期间循环末阻力平均 1 668.16 kN，时间加权阻力平均 1 344.51 kN，分别为额定工作阻力的 41.70% 和 33.61%。动载系数平均 1.09。

表 6-23　　　　　　　　　工作面中部(21#支架)基本顶来压规律一览表

来压次数	来压步距/m	影响范围/m	工作阻力				动载系数		
			非来压期间		来压期间		按 P_m	按 P_t	平均
			P_m/kN	P_t/kN	P_m/kN	P_t/kN			
周期来压 1	24.00	9.00	1 548.45	1 268.94	1 752.60	1 400.11	1.13	1.10	1.12
周期来压 2	12.75	3.00	1 623.89	1 434.77	1 915.05	1 569.92	1.18	1.09	1.14
周期来压 3	15.75	5.25	1 651.77	1 382.73	1 711.99	1 478.94	1.10	1.06	1.08
周期来压 4	13.50	3.00	1 876.68	1 537.15	1 946.30	1 675.93	1.10	1.06	1.08
周期来压 5	12.75	4.50	1 719.14	1 527.31	1 874.44	1 595.24	1.10	1.06	1.08
周期来压 6	16.50	6.00	1 715.25	1 392.72	1 822.89	1 533.79	1.10	1.06	1.09
周期来压 7	16.50	6.75	1 940.05	1 547.65	2 192.40	1 760.20	1.13	1.11	1.12
周期来压 8	14.25	4.50	2 202.04	1 739.35	2 499.26	2 121.03	1.13	1.12	1.13
周期来压 9	15.00	3.75	1 380.55	1 189.90	1 464.56	1 454.58	1.10	1.06	1.08
周期来压 10	21.00	6.75	1 518.76	1 229.49	1 802.24	1 263.20	1.19	1.10	1.15
平均	16.20	5.25	1 717.66	1 425.00	1 898.17	1 585.29	1.13	1.08	1.11

表 6-24　　　　　　　　　工作面中部(24#支架)基本顶来压规律一览表

来压次数	来压步距/m	影响范围/m	工作阻力				动载系数		
			非来压期间		来压期间		按 P_m	按 P_t	平均
			P_m/kN	P_t/kN	P_m/kN	P_t/kN			
周期来压 1	23.25	5.25	1 748.44	1 441.09	2 033.32	1 516.45	1.16	1.05	1.11
周期来压 2	24.00	7.50	1 169.91	928.72	1 277.12	969.55	1.09	1.06	1.08
周期来压 3	12.75	3.00	1 906.88	1 609.93	1 968.16	1 642.25	1.08	1.02	1.05
周期来压 4	16.50	6.00	1 235.88	968.37	1 410.52	1 138.03	1.14	1.10	1.12
周期来压 5	15.75	2.25	1 714.11	1 395.37	1 828.62	1 494.91	1.08	1.07	1.08
周期来压 6	16.50	6.00	1 664.95	1 323.38	1 783.84	1 466.47	1.07	1.05	1.06
周期来压 7	18.00		1 595.15	1 143.42	1 657.84	1 157.77	1.10	1.06	1.08
周期来压 8	18.75	4.50	1 528.59	1 268.00	1 701.58	1 336.35	1.11	1.05	1.08
周期来压 9	32.25	9.00	1 955.35	1 538.16	2 284.74	1 996.25	1.17	1.14	1.16
周期来压 10	14.25	3.00	2 162.31	1 828.70	2 330.56	1 909.81	1.08	1.06	1.07
平均	19.20	4.88	1 668.16	1 344.51	1 827.63	1 462.78	1.11	1.07	1.09

（3）工作面上部支架支护阻力随工作面推进的变化规律

图 6-32 为工作面上部(45#支架)支护阻力随工作面推进循环的变化规律,其分析结果见表 6-25。

由表 6-25 可知,工作面上部周期来压步距最小为 8.25 m,最大为 21.75 m,平均为 15.60 m,来压影响范围在 1.50～8.25 m,平均为 5.85 m。45#架来压期间循环末阻力平均 1 820.97 kN,时间加权阻力平均 1 484.80 kN,分别为额定工作阻力的 45.52％和

37.12%；非来压期间循环末阻力平均 1 642.16 kN,时间加权阻力平均 1 376.77 kN,分别为额定工作阻力的 41.05% 和 34.42%。动载系数平均 1.10。

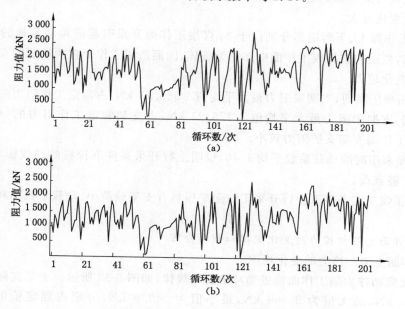

图 6-32　45[#] 支架阻力与循环数关系
(a) 循环末阻力；(b) 时间加权阻力

表 6-25　　　　　　　　　工作面上部(45[#] 支架)基本顶来压规律一览表

来压次数	来压步距/m	影响范围/m	工作阻力				动载系数		
			非来压期间		来压期间		按 P_m	按 P_t	平均
			P_m/kN	P_t/kN	P_m/kN	P_t/kN			
周期来压 1	14.25	5.25	1 583.17	1 340.28	1 674.50	1 365.74	1.06	1.02	1.04
周期来压 2	18.00	5.25	1 592.61	1 257.41	1 678.07	1 347.52	1.08	1.07	1.08
周期来压 3	8.25	1.50	1 888.44	1 621.78	2 149.36	1 803.01	1.14	1.11	1.13
周期来压 4	21.75	14.25	883.80	842.46	1 052.32	984.32	1.19	1.17	1.18
周期来压 5	17.25	8.25	1 540.06	1 105.15	1 637.01	1 235.51	1.06	1.04	1.05
周期来压 6	21.00	8.25	1 565.56	1 284.63	1 856.27	1 442.09	1.19	1.12	1.16
周期来压 7	8.25	2.25	1 637.07	1 281.82	1 836.95	1 341.03	1.12	1.05	1.09
周期来压 8	13.50	4.50	1 528.68	1 438.69	1 620.35	1 453.37	1.06	1.04	1.05
周期来压 9	16.50	6.00	2 267.49	1 911.23	2 468.02	1 968.86	1.09	1.03	1.06
周期来压 10	17.25	3.00	1 934.75	1 684.29	2 236.83	1 906.55	1.16	1.13	1.15
平均	15.60	5.85	1 642.16	1 376.77	1 820.97	1 484.80	1.12	1.08	1.10

(4) 放顶煤工艺条件下上行开采工作面顶板活动规律特点

由上述分析结果可知,放顶煤工艺条件下上行开采工作面顶板的来压规律具有以下特点：

① 工作面顶板来压不明显,但呈现一定的周期性变化,这种周期性变化是由 3上 煤层已破断的坚硬顶板再次失稳引起的,同时由于受已破坏的顶板岩层的影响,上行开采工作面的顶板来压步距变化较大。

② 由于工作面上、下两端部分别位于 3下 煤层工作面开采引起的移动盆地的边界和移动盆地的中部,岩层的破坏较工作面中部更为破碎,因而造成工作面在两端部的来压步距较小,而且步距变化较大。

③ 工作面来压期间,支架末阻力最大平均值 1 935.73 kN,占额定工作阻力的48.39%;而非来压期间,支架末阻力最大平均值 1 776.21 kN,占支架额定工作阻力的44.41%。可见,上行开采工作面支架支护阻力较小。

④ 工作面来压时的动载系数平均 1.10,说明上行开采条件下顶板的动载影响较小,支架主要是承受静载荷。

因此,放顶煤工艺条件下上行开采工作面矿压具有支架载荷小、动载系数小和矿压显现小的特点。

6.6.2.2 工作面支架初撑力的变化规律和频率分布

(1) 工作面支架初撑力的变化规律

工作面支架初撑力随工作面推进循环的变化规律,如图 6-33 所示。支架实际初撑力平均值为 2 446 kN,最大值为 3 399 kN,最小值为 549.8 kN,分别占额定值的 72.8%、101.2%和16.37%。

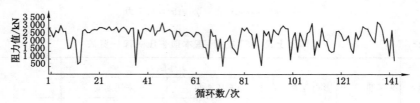

图 6-33　工作面支架初撑力与循环数关系

(2) 工作面支架初撑力的频率分布

图 6-34 为按额定初撑力的百分比统计分析得到的工作面支架初撑力 P_0 频率分布直方图。由图 6-34 可知,支架实际初撑力大于额定初撑力 60%(2 016 kN)的循环数所占比例为 71.43%,大于额定初撑力 80%(2 688 kN)的循环数所占比例为 44.72%。由此可见,工作面支架初撑力较高,为顶板的有效控制提供了保障。

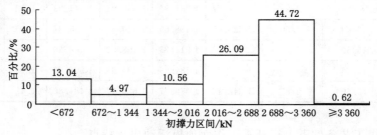

图 6-34　工作面支架初撑力频率分布

6.6.2.3　支架支护阻力的频率分布

随工作面推进,每个循环内支架阻力的大小因支架操作质量、控顶效果及顶板动态变化的影响而不同,而且在工作面不同部位支架阻力大小也有差异,反映了工作面顶板的活动强度、支架的适应性以及支护效能的发挥程度。

图 6-35 为统计分析得到的工作面下部支架支护阻力(P_t,P_m)频率分布直方图。由图 6-35(a)可知,支架循环末阻力小于额定工作阻力 60%(2 400 kN)的循环数所占比例为 92.0%;大于额定工作阻力 80%(3 200 kN)的循环数所占比例为 1.1%。由图 6-35(b)可知,支架时间加权阻力小于额定工作阻力 60%(2 400 kN)的循环数所占比例为 99.5%;大于额定工作阻力 80%(3 200 kN)的循环数所占比例为 0。

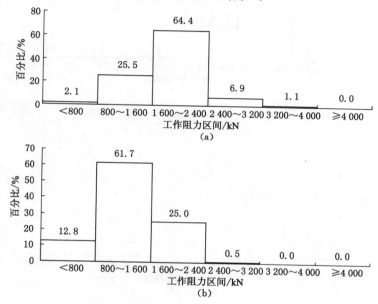

图 6-35　工作面下部支架阻力频率分布

(a) 循环末阻力;(b) 时间加权阻力

图 6-36 为统计分析得到的工作面中部支架支护阻力(P_t,P_m)频率分布直方图。由图 6-36(a)可知,支架循环末阻力小于额定工作阻力 60%(2 400 kN)的循环数所占比例为 94.7%;大于额定工作阻力 80%(3 200 kN)的循环数所占比例为 0.8%。由图 6-36(b)可知,支架时间加权阻力小于额定工作阻力 60%(2 400 kN)的循环数所占比例为 98.1%;大于额定工作阻力 80%(3 200 kN)的循环数所占比例为 0.6%。

图 6-37 为统计分析得到的工作面上部支架支护阻力(P_t,P_m)频率分布直方图。由图 6-37(a)可知,支架循环末阻力小于额定工作阻力 60%(2 400 kN)的循环数所占比例为 90.8%。大于额定工作阻力 80%(3 200 kN)的循环数所占比例为 1.0%。由图 6-37(b)可知,支架时间加权阻力小于额定工作阻力 60%(2 400 kN)的循环数所占比例为 97.6%;大于额定工作阻力 80%(3 200 kN)的循环数所占比例为 0.5%。

由上述分析结果可知,工作面支架的工作阻力偏低。工作面上、中和下部支架工作阻力小于等于其额定值 60% 的频率占 90% 以上,说明 3下煤层综放开采使覆岩完整性遭到破坏,

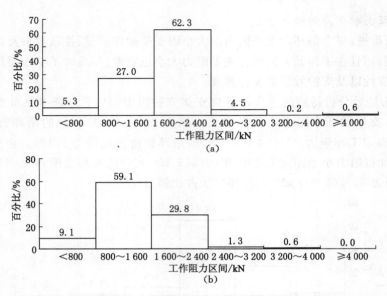

图 6-36　工作面中部支架阻力频率分布

(a) 循环末阻力；(b) 时间加权阻力

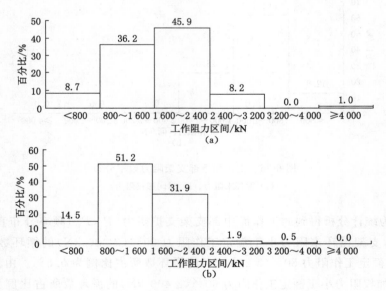

图 6-37　工作面上部支架阻力频率分布

(a) 循环末阻力；(b) 时间加权阻力

而且顶板应力得到释放和降低，从而造成上行开采时工作面顶板更易垮冒和充填采空区，造成顶板压力小，支架工作阻力普遍较低。

6.6.2.4　工作面支架的工作特性分析

实测统计分析表明，工作面支架的工作特性有恒阻、增阻、先降后升、先升后降和降阻五种状态。支架处于五种工作状态的比例见图 6-38。由图 6-38 可知，工作面支架的工作特性主要以增阻状态为主，占统计循环数的 71.7％。这表明上行开采工作面支架主要承受顶板的静载荷,支架具有良好的控顶能力。支架的其他工作特性也表明上行开采工作面顶板的破碎不完整,造成支架支撑顶板后由于顶板较大的水平变形和位移导致支架工作阻力变化的多样性,这也表明上行开采工作面受不完整顶板的影响,支架工作特性呈多样化的特征。

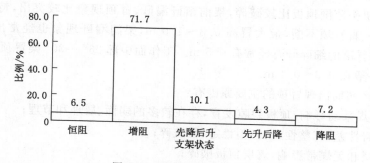

图 6-38　支架工作特性统计

6.6.2.5　工作面倾斜方向的压力分布

受煤层倾角、开采边界条件、回采工艺、煤岩赋存条件及支护质量等因素的影响,工作面面长方向顶板的压力可能会有所不同。观测分析得到工作面在来压期间和非来压期间倾斜方向的压力分布,如图 6-39 所示。

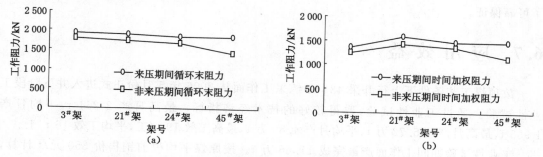

图 6-39　来压期间和非来压期间工作面倾斜方向支架阻力变化
(a)支架循环末阻力变化;(b)支架时间加权阻力变化

由图 6-39 可知,在工作面上、中、下三个部位,支架循环末阻力和时间加权工作阻力变化不大,整体较为均匀,说明在上行开采工作面,顶板的预先破坏和应力的降低,使得该工作面面长方向的顶板压力趋向均匀分布。

6.6.3　工作面片帮、冒顶与煤层台阶错动的观测分析

6.6.3.1　工作面片帮状态观测结果分析

工作面回采期间片帮量较少,片帮主要集中在靠近辅助运输巷的 40# 支架至刮板输送机机尾弯曲沉降带边缘,平均片帮深度 150 mm,最大片帮深度在 300 mm 左右,工作面煤壁斜交裂隙比较发育,整体偏向辅助运输巷一侧,裂隙发展为高度 100~200 mm、深度 50~100 mm 的小面积片帮。

工作面片帮呈以上特征的主要原因为:(1) 受 3下 煤层开采影响,3上 煤层围岩遭到破坏,

应力大幅度释放,靠近工作面煤壁附近的塑性区扩大;(2)受 $3_下$ 煤层开采引起的倾斜方向移动盆地的边界角的影响,裂隙整体偏向辅助运输巷一侧;(3) $3_上$ 煤层采高较小。

6.6.3.2　工作面冒顶状态观测结果分析

宏观矿压显现的统计分析表明,工作面生产初期,受 F_{15} 断层及无煤带影响,中部 $30^\#$ 架至刮板输送机机头范围顶板比较破碎,架前窜矸漏矸、冒顶现象比较突出,特别是 $1^\#\sim 3^\#$ 架从生产以来一直冒顶不断,最大冒高 $0.8\sim 1.0$ m,架间漏矸现象也经常出现, $1^\#\sim 2^\#$、 $2^\#\sim 3^\#$ 架架间冒落的细碎矸石经常有 0.5 m。工作面中部 $26^\#\sim 30^\#$ 架冒顶也比较集中频繁,最大冒高一般在 $0.3\sim 0.4$ m。

工作面生产初期出现冒顶的主要原因有:

(1)受 $3_下$ 煤采动影响,顶板裂隙发育,存在较多的弱面、层理和节理;

(2)顶板岩性差,完整性差,极不稳定,易破碎;

(3)受断层和无煤带影响,煤层顶板破碎;

(4)工作面移架不及时,空顶范围大、空顶时间长。

6.6.3.3　工作面煤层台阶错动观测结果分析

工作面回采期间未出现明显的台阶错动现象,表明 $3_上$ 煤层围岩虽受到 $3_下$ 煤层开采影响遭到破坏,但是 $3_上$ 煤层处在 $3_下$ 煤层开采形成的覆岩规则垮落带或裂缝带内, $3_上$ 煤层虽然遭到破坏,产生规则性的断裂裂缝带,但仍保持相对连续性,从而使 $3_上$ 煤层的上行开采得到了可靠保证。

6.7　应用效益

放顶煤工艺条件下上行开采 $43_上 03$ 综采工作面从 2006 年 5 月份正式进入井下阶段工业性试验。通过工业性试验,取得较好的技术经济指标。最高日产 2 264 t,平均日产 1 955 t,最高月产达 5.72 万 t,平均月产 4.85 万 t,最高工效 19 t/工,平均工效 16 t/工。

工业性试验期间工作面产量完成 11.66 万 t。按原煤平均税前销售价 350 元/t 计算,销售收入 4 081 万元;实际销售成本费用总额 3 031.6 万元,可实现销售利润 1 049.4 万元。按 33% 计算所得税 346.3 万元,实现净利润 703.1 万元。

工业性试验良好的经济技术效果,充分证实了济三煤矿在特厚煤层放顶煤条件下进行上行开采是切实可行的,同时也证实了 $43_上 03$ 工作面切眼、停采线和回采巷道位置布局合理。工业性试验的成功,为我国在放顶煤工艺条件下实现工作面安全、高效上行开采探索了一条新路,具有较大的推广意义。

6.8　本章小结

(1)通过采用"上行开采判定三原则"对济宁三号煤矿 3 组煤上行开采区域 76 个钻孔的上行开采可行性进行了逐级判别,分析结果表明井田内 $3_上$ 煤层总体适合上行开采。

(2)工业性试验期间上行开采工作面回采巷道围岩变形和工作面矿压显现不明显。工作面回采期间未出现明显的台阶错动现象,表明 $3_上$ 煤层围岩虽受到 $3_下$ 煤层开采影响遭到破坏,但是 $3_上$ 煤层处在 $3_下$ 煤层开采形成的覆岩规则垮落带或裂缝带内, $3_上$ 煤层虽然遭到破坏,产生规则性的断裂裂缝带,但仍保持相对连续性,从而使 $3_上$ 煤层的上行开采得到了可靠保证。

(3) $3_上$ 煤层上行开采试验期间矿压研究结果表明,上行开采工作面矿压显现具有如下特点:

① 工作面顶板来压不明显,但仍呈现一定的周期性变化,同时由于受已破坏的顶板岩层的影响,上行开采工作面的顶板来压步距变化较大;

② 工作面超前支承压力的分布形态不典型,没有明显的峰值区,支承压力影响区和原岩应力区界限不明确;

③ 工作面支架工作特性表现为载荷偏小、动载系数较小和整体显现较小的"三小"特点。

(4) 放顶煤工艺条件下上行开采的工业性试验期间工作面产量完成 11.66 万 t。实现销售收入 4 081 万元、销售利润 1 049.4 万元和净利润 703.1 万元。试验的成功,为我国在放顶煤工艺条件下实现工作面安全、高效上行开采探索了一条新路,具有较大的推广意义。

7 主要结论及展望

7.1 主要结论

本书综合应用理论分析、实验室物理相似模拟实验、计算机数值计算及现场实测分析等多种研究方法,系统地进行了放顶煤工艺条件下上行开采的机理研究,并成功进行了现场试验,得出如下主要结论:

(1) 放顶煤工艺条件下的上行开采在国内外尚属首次,是上行开采中的创新性工作。因此,开展相关的理论与实践研究,不仅对于指导我国类似煤层条件下的上行开采具有重要的现实意义,而且对于完善和发展上行开采理论与岩层控制技术具有重要的理论价值。

(2) 在对我国部分放顶煤开采采场覆岩破坏高度进行了实测统计分析的基础上,得出了放顶煤开采条件下直接顶垮落高度随煤层厚度呈递增对数函数关系变化;通过对放顶煤开采影响覆岩破坏高度的地质因素分析表明,不规则垮落带和规则垮落带分布状态受上覆岩层性质及其组合影响。

(3) 煤层间不同岩性构成的物理相似模拟实验结果的分析表明,层间岩性结构呈软—硬—软分布时,上煤层连续性好,没有台阶错动现象发生,有利于上行开采;而当层间岩性结构呈硬—软—硬分布时,坚硬岩层的破断失稳会造成上层煤产生波峰或突垒现象,甚至会产生台阶错动,因而不利于上行开采。因此,层间岩性构成是影响上行开采的重要因素,也是判断是否有利于上行开采的关键。

(4) 煤层厚度和层间距影响上行开采覆岩垮冒的分析结果表明,当相对软弱的直接顶垮落不能充填采空区时,一定厚度的坚硬岩层将垮落弥补采空区的充填不足,从而使得采场覆岩在较高位置形成稳定的平衡结构。分析结果也表明上覆坚硬岩层的失稳错动是导致覆岩台阶错动的主要原因。

(5) 物理相似模拟实验结果表明,放顶煤开采使得直接顶垮落具有较为明显渐进流动性,从而易形成散体拱结构。理论分析认为,上位直接顶形成"散体拱"结构的力学条件是垮落过程中以散体状态出现的直接顶岩块在渐进流动过程中的某一时刻由上位直接顶周边作用的垂直剪切力与上方垮落的岩体重力之间形成的应力平衡。

(6) "散体拱"结构影响其上位直接顶的垮冒形式和分布形态,也是影响直接顶垮冒后是否呈规则垮落分布的关键因素,即"散体拱"结构是不规则垮落带和规则垮落带的分界线。而后者则是在放顶煤条件下,判断是否具有上行开采可行性的重要条件。通过理论分析对不规则垮落带分布的高度进行了研究,研究认为不规则垮落带分布高度与下煤层的厚度、直接顶岩块的坚固性系数和"散体拱"结构本身的跨度相关,即:

$$h_{\mathrm{b}} = \frac{b_1}{f_{\mathrm{k}}} + M_{\mathrm{F}}$$

（7）上煤层作为覆岩的一部分，其完整性程度即裂缝带发育密度，受基本顶断裂步距大小的影响。基本顶断裂步距越小，上煤层的裂缝带发育密度越大，其完整性程度越差。上煤层在与基本顶断裂线相对应的位置形成断裂破碎区，该区域也是容易发生台阶错动的区域，而在两端破碎区之间的煤层则具有很好的完整性。因此，下层煤开采中基本顶的周期性破断是导致上煤层产生周期性破坏的原因，在上煤层开采中，控制断裂破碎带区域煤岩体的稳定性是确保上行开采安全顺利进行的关键。

（8）数值计算研究了不同岩性结构组合条件下上覆岩层活动对上煤层完整性和连续性的影响。研究认为，下位岩层的碎胀充填特性和上位岩层的结构稳定性，以及在采空区的压实均匀度是影响上层煤完整性和连续性的关键。同时确定不同岩性结构组合条件下，上位岩层的稳定性条件及其失稳错动准则，是分析判定上层煤完整性程度的重要条件。

（9）通过对放顶煤条件下上覆岩层结构向高位转移条件的分析，得出了放顶煤条件下上行开采围岩平衡的两个条件以及围岩平衡高度的计算公式。

覆岩结构向高位转移后的平衡条件可以通过以下两个条件进行判定：

① $$l_{i0} > 2h_i$$

② $$h_i > 1.5\left\{ M - \left[\sum_{i=0}^{i-1} h_i(K_i - 1) + \sum h(K_p - 1) \right] \right\}$$

覆岩结构向高位转移后的围岩平衡高度可以通过以下公式进行确定：

$$H_{\mathrm{p}} \geqslant \sum h + h_{\mathrm{p}} = (M_1 + M_2 - S_0 - C)/(K_{\mathrm{p}} - 1) + h_{\mathrm{p}}$$

（10）在对放顶煤条件下直接顶垮冒分带特征与形成条件分析的基础上，通过对下位基本顶岩层失稳错动机理的分析，提出了下位基本顶岩层失稳是导致覆岩产生台阶错动的观点，同时得出了台阶错动的产生条件。

（11）通过分析上行开采煤层所处开采环境及其对上行开采煤层完整性影响，提出了上行开采煤层安全开采的保障条件，进而提出了上行开采的基本原则，即上煤层位于能够保持其整体连续和完整的下煤层覆岩范围内。

（12）在物理相似模拟和数值计算研究的基础上，理论分析认为在放顶煤条件下，上行开采的可行性可通过"上行开采判定三原则"来判定，即：

原则之一：是否满足放顶煤条件下围岩平衡条件；

原则之二：层间距是否大于垮落带高度；

原则之三：上煤层是否位于规则垮落带范围，而且满足条件：

① 层间岩性具有适合的岩性构成和厚度比，符合关系式：

$$\Delta h = 3.819\,3\left(\frac{H_{\mathrm{r}}}{H}\right)^2 - 7.788\,3\frac{H_{\mathrm{r}}}{H} + 3.944\,7$$

$$\Delta h = 4.030\,4\left(\frac{H_{\mathrm{y}}}{H}\right)^2 - 10.685\frac{H_{\mathrm{y}}}{H} + 6.579\,6$$

② 台阶错动比值 λ_{T} 不大于其台阶错动比值阈值 $\lambda_{\mathrm{T}}^{\mathrm{f}}$，即 $\lambda_{\mathrm{T}} \leqslant \lambda_{\mathrm{T}}^{\mathrm{f}}(\lambda_{\mathrm{T}}^{\mathrm{f}} = 0.2 \sim 0.3)$。

（13）通过现场实测分析，得出了上行开采工作面矿压显现具有如下特点：

① 顶板仍具有明显的周期性来压规律，但是受下煤层开采引起的上覆岩层破坏的影

响,在工作面上、中、下不同部位来压步距的变化较大。

②工作面超前支承压力的分布形态不典型,没有明显的峰值区,支承压力影响区和原岩应力区界限不明确。

③工作面支架工作特性表现为载荷偏小、动载系数较小和整体显现较小的"三小"特点。

(14)上行开采的实践表明,济宁三号煤矿 $43_{\pm}03$ 上行开采工作面开采期间煤层的完整性及连续性较好,没有出现明显的台阶错动,破碎区顶板的控制效果较好,巷道围岩变形较小,在靠近下煤层煤柱侧的工作面挠曲段煤岩完整性及稳定性较好,工作面取得了上行开采的成功,并取得了显著的经济效益和社会效益。

7.2 展　　望

随着煤炭开采技术的不断发展以及煤炭资源开采范围的不断扩大,放顶煤条件下的上行开采问题将越来越普遍,因而迫切需要开展更为广泛而深入的相关理论和实践研究。本书仅是针对厚煤层放顶煤条件下上行开采的机理和条件以及上行开采工作面的矿压显现规律等做了初步的研究与探讨,虽然获得了一些认识与体会,但仍有很多问题需要进一步研究。

(1)放顶煤条件下的岩层活动范围和稳定时间不同于中厚煤层开采条件,因而影响上行开采工作面的布置和开采时间问题,因此,对于放顶煤条件下采动影响的时间—空间关系问题,则是今后需要重点研究的内容。

(2)我国煤层赋存条件复杂多样,煤层倾角变化也较大,煤层倾角变化将影响到岩层的垮落规律和稳定性。本书所进行的研究,是基于缓倾斜厚煤层放顶煤开采条件进行的,因此,对于倾斜和急倾斜厚煤层放顶煤开采条件下上行开采的相关研究今后还需要进一步深入进行。

参 考 文 献

［1］ 汪理全,李中颀.煤层(群)上行开采技术[M].北京:煤炭工业出版社,1995.

［2］ 刘天泉.用垮落法上行开采的可能性[J].煤炭学报,1981(1):18-28.

［3］ 李鸿昌,钱鸣高.孔庄煤矿上行开采的研究[J].中国矿业学院学报,1982(2):12-25.

［4］ 韩万林,汪理全,周劲锋.平顶山四矿上行开采的观测与研究[J].煤炭学报,1998,23(3):267-270.

［5］ Wang Liquan. Research on ascending mining in Kongzhuang coal mine[C]. 23rd Annual Conference of the Engineering Group of the Geological Society Engineering Geology of Underground Movements. Nottingham,1987:309-323.

［6］ Li H C. Correlation between ascending mining and stability of the overlying strata[C]. Ground Movement and Control Related to Coal Mining Symposium. Illawarra.

［7］ Volkov Yu V, Smirnov A A, Sokolov I V, et al. Underground geotechnology for exploitation with the ascending mining extraction[J]. Izvestiya Vysshikh Uchebnykh Zavedenii,Gornyi Zhurnal,2003(3):34-41.

［8］ Singh A K, Singh R, Sarkar M. Inclined slicing of a thick coal seam in ascending order—A case study[J]. CIM Bulletin,2002,95(3):124-128.

［9］ Li Youyu,Cheng Shuzhen,Zai Yushen,et al. Ascending mineralizing solution feeder of NiMo polymetallic ore exhalation-sedimentary deposit and sedimentary basin delimitation[J]. Journal of Xiangtan Mining Institute,1993,8(3):15-22.

［10］ 李宏星.白家庄矿残采区上行开采技术研究[D].太原:太原理工大学,2006.

［11］ 张传成,梁冰,白国良.伊吗煤矿 1-2 煤层上行开采可行性分析[J].煤矿开采,2005,10(4):26-28.

［12］ 蒋金泉,孙春江,尹增德,等.深井高应力难采煤层上行卸压开采的研究与实践[J].煤炭学报,2004,29(1):1-6.

［13］ 高春生,刘刚,尹春生,等.大明一矿上行开采法的研究与应用[J].煤炭科技,2003,22(5):44-45.

［14］ 程新明.复杂地质条件下上行开采的研究与实践[J].煤炭科学技术,2004,32(1):44-46.

［15］ 孙广京,王元龙.采用上行开采改善煤层复合顶板的控制[J].煤炭科学技术,2004,32(5):15-18.

［16］ 于斌.大同矿区综采工作面上行开采技术实践[J].煤炭科学技术,2004(4):18-20.

［17］ 李宏星,康立勋.南坑矿上行开采法技术研究与应用[J].山西煤炭,2006,26(1):39-41.

[18] 鹿守柱,吕福华,高国江,等.马庄煤矿上行带压开采初步实践与认识[J].徐煤科技, 1997(2):13-14.

[19] 于振子,吕学增,余耀峰,等.平煤四矿己组薄煤层近层距综采上行开采研究[J].中州 煤炭,2005(6):5-6.

[20] 曹廷桂.恒山矿十五层局部上行开采[J].矿山压力,1985(1):54-59.

[21] 静国峰,张显峰,刘进文.林南仓矿煤层群上行开采技术的实践[J].煤炭科学技术, 2006,34(8):38-40.

[22] 张百胜,杨劲松,廉建军.东山煤矿12号煤层上行开采实践[J].中国煤炭,2007,33(2): 38-40.

[23] 闻敢年,柳现坤,权景伟.庞庄煤矿张小楼井深部上行开采可行性分析[J].煤炭科技, 2003(1):17-18.

[24] 崔晓峰.特定条件下的上行顺序开采问题[J].陕西煤炭技术,1995(3):3-5.

[25] 翟新献.放顶煤工作面顶板岩层移动相似模拟研究[J].岩石力学与工程学报,2002, 21(11):1667-1671.

[26] 李文权,陶兆和.放顶煤工作面煤岩组合力学模型及其控制[J].淮南职业技术学院学 报,2006(1):32-35.

[27] 煤炭科学研究院北京开采研究所.煤矿地表移动与覆岩破坏规律及其应用[M].北京: 煤炭工业出版社,1983.

[28] 钱鸣高,刘听成.矿山压力及其控制[M].北京:煤炭工业出版社,1984.

[29] 康立军,武钢,张永吉.阳泉四矿综放工作面顶板顶煤运动规律研究[J].煤炭科学技 术,1997,25(9):13-16.

[30] 钱鸣高,石平五.矿山压力与岩层控制[M].徐州:中国矿业大学出版社,2003.

[31] 疏开生,倪宏革.煤层覆岩破坏高度的数学分析[J].淮南矿业学院学报,1992,12(3-4): 3-43.

[32] 煤炭工业部.建筑物、水体、铁路及主要井巷煤柱留设与压煤开采规程[M].北京:煤炭 工业出版社,1985.

[33] 秦玉金,马丕梁.上覆岩层破坏高度影响因素的灰关联分析[J].煤矿开采,2006, 11(4):1-3.

[34] 杜时贵,翁欣海.煤层倾角与覆岩变形破裂分带[J].工程地质学报,1997(9):211-217.

[35] 康永华.采煤方法变革对导水裂缝带发育规律的影响[J].煤炭学报,1998(6): 262-266.

[36] 秦玉金.邻近层卸压范围的研究[D].北京:煤炭科学研究总院,2007.

[37] 煤炭科学研究院北京开采所开采室三下采煤组.煤层覆岩破坏的基本规律[J].煤田地 质与勘探,1977(6):58-66.

[38] 刘天泉.煤矿地表移动与覆岩破坏规律及其应用[M].北京:煤炭工业出版社,1981.

[39] 康永华.覆岩破坏规律的综合研究技术体系[J].煤炭科学技术,1997,25(11):40-43.

[40] 程学丰,刘盛东.煤层采后围岩破坏规律的声波CT探测[J].煤炭学报,2001,26(2): 153-155.

[41] 冯锐,林宣明.煤层开采覆岩破坏的层析成像研究[J].地球物理学报,1996,39(1):

114-124.

[42] 汤建泉.开采覆岩运动和破坏规律的实验室研究[D].北京:中国矿业大学北京研究生部,1995.

[43] 钟道昌.采场覆岩破坏和运动规律的实验研究[J].矿山压力与顶板管理,1996(3):61-64.

[44] 汤建泉.开采覆岩运动和破坏规律实验研究[J].中国煤炭,1996(2):14-17.

[45] 马庆云,汤建泉.覆岩运动与破坏过程的问题探讨[J].矿山压力与顶板管理,2000(2):32-24.

[46] 张恩强,彭文庆.浅埋厚煤层分层开采覆岩移动规律模拟研究[J].陕西煤炭,2006(3):4-7.

[47] 靳钟铭,张惠轩,康天合.特厚煤层分层开采覆岩台阶式移动规律[J].矿山压力与顶板管理,1989(1):1-6.

[48] 汤建泉,何满潮,马庆云,等.开采覆岩运动和破坏规律的试验研究[J].中国煤炭,1996(2):14-17.

[49] 张向东,范学理,赵德深.覆岩运动的时空过程[J].岩石力学与工程学报,2002,21(1):56-59.

[50] 彭文庆.浅埋厚煤层分层开采覆岩破坏规律研究[D].西安:西安科技大学,2006.

[51] 柳泉,刘锋珍.厚煤层分层开采覆岩破坏探测研究[J].山东煤炭科技,2006(1):59-61.

[52] 张顶立,王悦汉.综采放顶煤工作面岩层结构分析[J].中国矿业大学学报,1998,27(4):340-343.

[53] 张顶立.综放工作面岩层控制[J].山东科技大学学报(自然科学版),2000,19(1):8-11.

[54] 张顶立.综合机械化放顶煤开采采场矿山压力控制[M].北京:煤炭工业出版社,1999.

[55] Zhang Dingli,Qian Minggao. Strata control of fully mechanized longwall caving mining face[C]. Ground Control in Mining "14th conference",1995.

[56] Iresbeger H,Hemnkind L. Strata control with longwall mining of thick seams at great depth[C]. Proceedings of international symposium on fully mechanized mining technology for high output and high efficiency,Luan China,1992.

[57] 耿德庸,仲惟林.用岩性综合评价系数 P 确定地表移动的基本参数[J].煤炭学报,1980(6):13-24.

[58] 郝延锦,陈胜华.硬岩层对岩移参数的影响规律[J].煤,2000,9(4):8-9.

[59] 张文艺,钟梅英,蔡建安,等.岩性与覆岩破坏高度关系的模糊聚类分析[J].陕西煤炭,2001(1):37-21.

[60] Yin Zengde,Jiang Fuxing,Yang Gui. The failure laws of overlying strata for thick coal seams with special geological conditions[M]. Science Press Beijing/New York,2002.

[61] 张顶立.三河尖煤矿综采放顶煤工作面矿压显现及顶煤稳定性的数值模拟研究报告[R].1993.

[62] 许建军,黄乐亭,滕永海,等.北皂矿地表移动规律[J].煤炭科学技术,1998,26(7):46-48.

[63] 闫少宏,吴健.放顶煤开采顶煤运移实测与损伤特性分析[J].岩石力学与工程学报,1996,15(2):155-162.

[64] 师文林,张长根,崇兰锁,等.王庄矿高产高效综放面采煤工艺研究[J].矿山压力与顶板管理,1996(3):12-15.

[65] 兴隆庄煤矿.5306综采放顶煤试验工作面地表移动观测研究报告[R].1993.

[66] 煤炭科学研究院北京开采研究所.煤矿地表移动与覆岩破坏规律及其应用[M].北京:煤炭工业出版社,1981.

[67] 张顶立.综放工作面煤岩稳定性研究及控制[D].徐州:中国矿业大学,1995.

[68] 尹增德.采动覆岩破坏特征及其应用研究[D].青岛:山东科技大学,2007.

[69] 黄乐亭.采场覆岩两带高度与覆岩硬度的函数关系[J].矿山测量,1999(1):20-22.

[70] 张新国.采场覆岩破坏规律预测及咨询系统研究[D].青岛:山东科技大学,2006.

[71] 蒋金泉,孙春江,尹增德,等.深井高应力难采煤层上行卸压开采的研究与实践[J].煤炭学报,2004,29(1):1-6.

[72] 李鸿昌.矿山压力的相似模拟试验[M].徐州:中国矿业大学出版社,1998.

[73] 林韵梅.实验岩石力学模拟研究[M].北京:煤炭工业出版社,1994.

[74] 陈炎光,钱鸣高.中国煤矿采场围岩控制[M].徐州:中国矿业大学出版社,1994.

[75] 徐永圻.采矿学[M].徐州:中国矿业大学出版社,2003.

[76] 杨振复,罗恩波.放顶煤开采技术与放顶煤液压支架[M].北京:煤炭工业出版社,1995.

[77] 张顶立.综放工作面直接顶结构分类及其控制方法[J].煤,1998,7(4):5-8.

[78] Zhang Dingli. Model of strata structure over coal face with fully mechanised sub-level caving and its application[M]. Mining Science and Technology. Rotterdam: A. A. Balke-ma,1996.

[79] 翟明华,张顶立.综放工作面直接顶稳定性研究及控制实践[J].湘潭矿业学院学报,1998,13(3):1-6.

[80] 魏锦平,宋选民,靳钟铭,等.综放采场围岩复合结构力学模型及其控制研究[J].湘潭矿业学院学报,2003,18(2):5-8.

[81] 吴士良,宋扬,来存良,等.综放面顶板结构研究[J].煤炭科学技术,1999,27(2):39-42.

[82] 姜福兴.放顶煤采场的顶板结构形式与支架围岩关系探讨[C].综合机械化放顶煤开采论文集,1996.

[83] 刘长友,黄炳香,吴锋锋,等.综放开采顶煤破断冒放的块度理论及应用[J].采矿与安全工程学报,2006,23(1):56-61.

[84] 李红涛,刘长友,汪理全.综放条件下直接顶垮落成拱机理的相似模拟研究[J].煤炭科学技术,2007,35(6):95-98.

[85] 黄松元.散体力学[M].北京:机械工业出版社,1993.

[86] 李红涛,刘长友,汪理全.综放条件下上位直接顶"散体拱"结构的形成机理及其失稳演化研究[J].煤炭学报,2008,33(4):378-381.

[87] 金太,席京德,蒋金泉,等.缓倾斜厚煤层开采矿山压力与岩层控制[M].徐州:中国矿业大学出版社,2000.

[88] 李树刚. 综放面采空区岩体碎胀特性分析[J]. 陕西煤炭技术,1996(4):19-22.

[89] 李树刚,钱鸣高. 综放采空区冒落特征及瓦斯流态[J]. 矿山压力与顶板管理,1997(3-4):76-78.

[90] 吕爱珍. 崩落矿块放矿的理论研究及其控制[D]. 沈阳:东北工学院,1993.

[91] 蔡美峰. 岩体力学与工程[M]. 北京:科学出版社,2002.

[92] 胡广韬,杨文远. 工程地质学[M]. 北京:地质出版社,1984.

[93] 朱诗顺,李鸿昌,杨振复. 放顶煤开采工作面上覆煤岩体的结构[J]. 岩石力学与工程学报,1996,15(2):150-154.

[94] 朱诗顺,李鸿昌. 综放工作面支架与围岩相互作用的研究[J]. 矿山压力与顶板管理,1993(3-4):69-75.

[95] 钱鸣高,缪协兴,许家林,等. 岩层控制的关键层理论[M]. 徐州:中国矿业大学出版社,2003.

[96] 汪理全. 孔庄矿上行开采的观测与研究[R]. 1981.

[97] 汪理全,蔡鸿坡. 城子河煤矿上行开采的研究[J]. 中国矿业学院学报,1988(4):52-59.

[98] 平顶山四矿. 平顶山天安公司四矿近距离煤层群上行开采的研究与应用[R]. 2006.

[99] 田昌盛,白占芳,翟新献. 下分层综放工作面上覆岩层结构特征[J]. 河南理工大学学报,2006,25(3):191-195.

[100] 蔡东. 综放面"两带"高度发育特征[J]. 矿山压力与顶板管理,2001(1):68-69.

[101] 宣以琼,杨本水,孔一繁. 任楼煤矿覆岩破坏移动规律的试验研究[J]. 矿山压力与顶板管理,2003(3):77-80.

[102] 胡守平,巩文胜,柴爱芳. 忻州窑矿坚硬顶板综放工作面顶板控制方法[J]. 煤炭科学技术,2000,28(9):7-10.

[103] 陆泓,崔增娣,施龙青,等. 不同覆岩组合及开采条件导水裂缝带探测研究[C]. 第二届中日地层环境力学国际学术讨论会会议论文集,1996.

[104] 胡宝玉. 冲积层下缓倾斜煤层防水煤柱尺寸数值试验研究[D]. 北京:煤炭科学研究总院,2007.

[105] Goodman R E,Shi G H. Block theory and its application to rock engineering[M]. New Jersey:Prentice Hall,1985.

[106] Hart R D. An introduction to distinct element modeling for rock engineering[C]. Proceedings of the 7th International Congress on Rock Mechanics,1991:1881-1892.

[107] Bosman J D,Arnold D A. Simulating the mechanisms of cave mining[C]. The Application of Numerical Modeling in Geotechnical Engineering,1994:101-114.

[108] Coulthard M A. Distinct element modelling of mining-induced subsidence—A case study[C]. Proceedings of the ISRM Regional Conference on Fractured and Jointed Rock Masses,1992:751-758.

[109] Coulthard M A,Dutton A J. Numerical modeling of subsidence induced by underground coal mining[C]. Main Questions in Rock Mechanics:Proceedings of the 29th U. S. Symposium,1988:529-536.

[110] Heilbron H C,Cockram M J,Roest J P A. Improving availability of rock mechanics

modelling to mines[C]. Proceedings of the Eighth International Congress on Rock Mechanics,1995:579-582.

[111] Kay D R,McNabb K E,Carter J P. Numerical modelling of mine subsidence at Angus Place Colliery[C]. Computer Methods and Advances in Geomechanics,1991: 999-1004.

[112] O'Connor K M,Dowding C H. Monitoring and simulation of mining-induced subsidence[C]. Mechanics of Jointed and Faulted Rock,1990:781-787.

[113] Roest J P A,Hart R D,Lorig L J. Modelling fault-slip in underground mining with the distinct element method[C]. Proceedings of the 6th International IAEG Congress,1990:105-110.

[114] Kulatilake P H S W,Uepirti H,et al. Use of the distinct element method to perform stress analysis in rock with non-persistent joints and to study the effect of joint geometry parameters on the strength and deformability of rock masses[J]. Rock Mech. Roc. Engng. ,1992,25(4):253-274.

[115] Jung J,Brown S R. A study of discrete and continuum joint modeling techniques [C]. Proceedings of the ISRM Regional Conference on Fractured and Jointed Rock Masses,1992:640-647.

[116] Kulatilake P H S W,Uepirti H. Effects of finite-size joints on the deformability of jointed rock at the two-dimensional level[J]. Can. Geotech. ,1994(31):364-374.

[117] Mostyn G,Helgstedt M D,Douglas K J. Towards field bounds on rock mass failure criteria[J]. Int. J. Rock Mech. & Min. Sci. ,1997,34(3-4):28-29.

[118] O'Connor K M,Siekmeier J A. Influence of rock mass stiffness variation on mea-sured and simulated behavior[C]. Proceedings of the 37th U. S. Rock Mech. Symp. ,1999:277-284.

[119] Zhang dingli. Strata control at the face with mechanized sub-level caving[C]. Proceeding of six international symposium on mine planning and equipment selection,1997.

[120] 闫少宏,贾光胜,刘贤龙. 放顶煤开采上覆岩层结构向高位转移机理分析[J]. 矿山压力与顶板管理,1996(3):3-5.

[121] 闫少宏. 放顶煤开采顶煤与顶板活动规律研究[D]. 北京:中国矿业大学(北京),1995.

[122] 方新秋. 综放采场支架-围岩稳定性及控制研究[D]. 徐州:中国矿业大学,2002.

[123] 史红,姜福兴,汪华君. 综放采场周期来压阶段顶板结构稳定性与顶煤放出率的关系[J]. 岩石力学与工程学报,2005,24(23):4233-4238.

[124] 史红. 综采放顶煤采场厚层坚硬顶板稳定性分析及应用[D]. 泰安:山东科技大学,2005.

[125] 黄庆享,石平五,钱鸣高. 老顶岩块端角摩擦系数和挤压系数实验研究[J]. 岩土力学,2000,21(1):60-63.

[126] 缪协兴. 采场老顶初次来压时的稳定性分析[J]. 中国矿业大学学报,1989(3):88-92.

[127] 钱鸣高. 采场上覆岩层的平衡条件[J]. 中国矿业学院学报,1981(2):31-40.

[128] 侯忠杰. 断裂带基本顶的判别准则及在浅埋煤层中的应用[J]. 煤炭学报,2003,28(1):8-12.

[129] 耿献文,郭忠平,蔡涛.大采深综放工作面顶板运动规律研究[J].煤炭科学技术, 2002,30(5):36-38.

[130] 翟英达.采场上覆岩层结构的面接触类型及稳定性力学机理[D].北京:煤炭科学研究总院,2002.

[131] 李鸿昌,钱鸣高.孔庄上行开采的研究[C].煤矿采场矿压讨论会论文选编,1982.

[132] 黄炳香,刘长友,吴锋锋,等.极松散细砂岩顶板下放煤工艺散体试验研究[J].中国矿业大学学报,2006,35(3):351-356.

[133] SONG Xuan-min, QIAN Ming-gao, JIN Zhong-ming. Study on the fragmental distributions regularity of top-coal fractured experiment for top-coal cavinmining[J]. Journal of China Coal Society,1999,2(3):261-265.

[134] 靳钟铭.放顶煤开采理论与技术[M].北京:煤炭工业出版社,2001.

[135] 尚海涛,王家臣.综采放顶煤的发展与创新[M].徐州:中国矿业大学出版社,2005: 237-242.